户型改造大全

从住宅到工装

魏旭良　王梦昕　编著

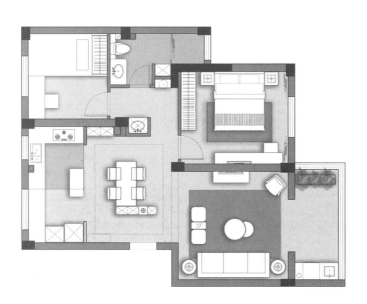

江苏凤凰科学技术出版社 · 南京

图书在版编目（CIP）数据

户型改造大全 ：从住宅到工装 / 魏旭良，王梦昕编
著． -- 南京 ：江苏凤凰科学技术出版社，2022.12
ISBN 978-7-5713-3298-3

Ⅰ．①户… Ⅱ．①魏… ②王… Ⅲ．①住宅－室内装
饰设计 Ⅳ．①TU241

中国版本图书馆CIP数据核字(2022)第210908号

户型改造大全　从住宅到工装

编　　　著	魏旭良　王梦昕	
项 目 策 划	凤凰空间/杜玉华	
责 任 编 辑	赵　研　刘屹立	
特 约 编 辑	杜玉华	

出 版 发 行	江苏凤凰科学技术出版社
出版社地址	南京市湖南路1号A楼，邮编：210009
出版社网址	http://www.pspress.cn
总 经 销	天津凤凰空间文化传媒有限公司
总经销网址	http://www.ifengspace.cn
印　　　刷	北京博海升彩色印刷有限公司

开　　　本	787 mm×1 092 mm 1 / 16
印　　　张	13
字　　　数	160 000
版　　　次	2022年12月第1版
印　　　次	2022年12月第1次印刷

标 准 书 号	ISBN 978-7-5713-3298-3
定　　　价	88.00元

图书如有印装质量问题，可随时向销售部调换（电话：022-87893668）。

前言

作为一个有着十几年室内设计经验的从业者，我发现设计圈也是有"鄙视链"的——建筑设计师看不上工装设计师，工装设计师看不上住宅设计师。出现这种现象，主要是因为各个细分领域中设计工作的难度系数有差别。

目前国内住宅设计行业还比较混乱，大部分业主对设计的要求都不是特别高，有的甚至只是要求家里简单地刷白墙、铺地板就可以，只有一小部分高端住宅对设计有需求。这就导致大部分住宅设计师设计水平较低，也有一小部分设计师被称为"营销型"设计师，只管签单、拿提成，不注重设计效果。

很多对设计有追求的住宅设计师想转做工装设计，但往往会陷入困境，大多数人都表示："我没有做过工装，简单的工装设计流程都不清楚，根本无从下手。"

因为有着多年一线设计师的工作经验，我们编写了这本《户型改造大全 从住宅到工装》，由简入深，从一居室住宅到别墅大宅，从工装设计流程到工装项目实战，逐步解析住宅和工装的设计逻辑。

本书是一本为设计师解析布局及空间设计底层逻辑的实用手册。作为一名室内设计师，如果能多了解一些户型布局的改造思路，后续工作的开展将会更加顺利。

感谢所有的读者，感谢天津凤凰空间文化传媒有限公司的杜玉华女士及本书的编辑与校对人员，感谢所有鼓励和帮助过我的朋友！

魏旭良（莫忘）于上海
2022 年 11 月

目录

第一章
住宅设计

第一节

住宅方案优化设计要点

做住宅方案要考虑的主要内容是分析问题和解决问题，主要的技术手段有以下几种：

1. 钻石分割

钻石分割和平面设计有很多相似之处：分析每块原石（每个空间）的优点和缺点，将优点变亮点，缺点变趣点；像珍惜钻石一样，珍惜每一处空间资源；开局要有缜密的整体计划，确定适当的资源分配比例和方式；熟练运用长期锤炼而成的稳定技巧；收官时要小心每一个细节，寸土必争！

功能可以拆分，但空间需要整合。向上发展、向下争取，重叠使用空间，熟练运用拆分重组的方法。

流程可以总结为：分析需求→分配比例→不断推敲功能和形式→完善。

2. 轴线

轴线可以在无形中让空间联系起来，对空间进行整合，使其不再散乱。轴线引导动线去串联空间，并影响空间的形态变化。

3. 分区

根据原始户型图的层高、梁位、窗户进行合理分区。分区前要对空间使用者做属性分析，要对空间功能进行充分了解，确定功能板块的位置。

分区方式有以下两种：

一是矩形分区。这是最常用的分区方式，空间利用率高，现场施工难度较低，设计相对简单。

二是圆形分区。这种分区方式的特点是设计感较强，方向感较差，死角较多。采用圆形分区时，要利用好过渡空间。

4. 分隔

主要的分隔类型有以下三种：

（1）绝对分隔。使用墙体进行物理上的绝对阻隔。

（2）局部分隔。利用抬高局部地面或加装玻璃等手法进行空间划分。

（3）象征性分隔。用不同的材质来划分空间。

做住宅方案优化设计时，涉及的内容很多，大致有以下几个方面：

（1）常规条件。客户需求（包含客户没有说的隐形需求）、功能、动线、视线、光线、情绪、艺术、景观、经济预算等。

（2）空间。例如开放空间、半开放空间、可分可合的机动空间、私密空间、单人使用的空间、多人使用的空间等。

（3）思维方式。除了常规的思维方式，你也可以用逆向思维去推导平面。例如，人们一般从玄关开始做方案，但你可以从卧室开始推敲方案。

（4）时间轴。根据人们使用空间的时间序列，可以将功能重叠在一个区域内。

（5）规划方法。用排除手法来合理规划空间布局。

（6）对景。一步一景，考虑整个空间的立面造型比例。

（7）取舍。优化后的布局是否比原建筑有很大的优点，是否值得优化。

一 居 室 户 型

01 40 m² 蜗居的"大"世界

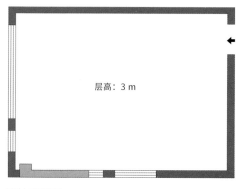

层高：3 m

原始户型图

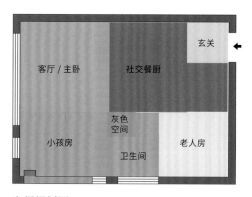

玄关

客厅 / 主卧　　社交餐厨

灰色空间

小孩房　　　　　老人房

卫生间

空间规划图

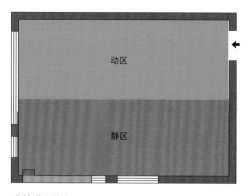

动区

静区

动静分区图

关键词

小户型、三代同堂、采光、时间轴

导读

如何在面积不足 40 m² 的一居室里布置三房？如何解决每个房间的采光？

原始户型分析

1.业主夫妇为普通上班族，女儿 6 岁，且有两位老人一同居住，想要一个工作区。

2.这套房子最初被开发商定位为单身公寓，所以套内面积不足 40 m²。

户型切入点

1.怎样把这个小小的蜗居做出无限大的遐想空间？

2.业主经济条件有限，而变形家具预算高，且使用年限短，不符合此类业主的需求。

优化后户型分析

01 社交餐厨可分可合的设置，让入户视野更加开阔，不仅满足了居住者对中厨和西厨的渴望，还可以让该区域成为家庭社交区或亲子互动区。

02 空间重叠、时间重叠、功能重叠。白天拉开折叠门，这里是一家人闲谈放松的客厅，晚上关闭折叠门、放下翻板床，这里就变成了主卧，且窗边的长条飘板可作为居住者的工作台。

03 卧室采用榻榻米使储藏空间更加充足，将卧室与卫生间之间的隔墙变成玻璃隔断，满足了老人房的采光需求。

04 在卫生间隔出一个生活阳台，满足居住者对晾晒区的需求。

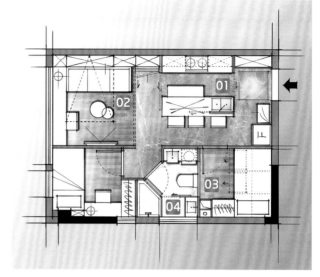

改造设计图

巧用设计，小空间也可以做出"大"世界。

改造后效果图

02 "妖精"的私人住宅

原始户型图

关键词

异型空间、开放空间、社交餐厨

导读

遇到异型空间该怎么办？如何在此空间设计合理的动线？如何利用独特的异型让户型死角变成亮点？

原始户型分析

1. 业主为中年独居女性，要求将两房改一房，保留客卫和主卫。同时屋内空间要开放，要有衣帽间。业主喜爱旅游，需要一张书桌供平时写作；爱手工，需要一个岛台来满足日常的朋友聚会；可接受适当创意。

2. 有异型空间，多个承重墙产生异型死角，户型中间的异型承重墙是本次方案的难点。

3. 无玄关，客卫一半空间异型，面积较小，强行设置干湿分区会导致较为拥挤的使用感。

户型切入点

首先考虑动线的合理性，考虑如何处理异型空间，然后考虑空间的开放性，并用发散性思维推理其他空间。

改造设计图

一个人的大空间更需要打开思维慢慢摸索。

优化后户型分析

01 打破传统的布局方式，将客厅植入户型中心的异型空间内，拆除隔墙，形成环形动线，使居住者从客厅通往任何一个空间的距离相当，且视野通透，让客厅成为真正意义上的中心，将户型的缺点变为亮点。

02 入户门正对面设置对景，鞋柜与背后的餐厨柜结合，解决了无玄关位的难题。

03 将原本客餐厅的位置整合成社交区与客厅区域交错。顺应其空间形式，将岛台与餐桌结合，2 m 长的岛台满足日常手工制作，2 2 m 长的大餐桌满足朋友聚餐和写作的需求。

04 将部分生活阳台纳入客卫，形成一个独立的淋浴空间，让客卫更加舒适。

03 餐厨一体化，空间尺度释放

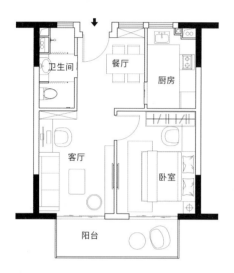

原始户型图

关键词

社交餐厨、干湿分离

导读

如何在改动不大的情况下做出不一样的设计？

原始户型分析

1. 该房为双面采光的一居室小户型，套内面积只有 44 m²，餐厨之间布局拥挤，导致玄关柜的使用受到影响。

2. 在紧张的空间内，卧室书桌与客厅书桌功能重复。

3. 卫生间内参照管井做的墙体看似隔出一个马桶间，实际上反而会导致空间更为紧张。

户型切入点

1. 发现此类户型居住者的生活方式，抓住户型痛点。

2. 合理规划该户型的各个功能区域，小户型里也能做出大空间。

优化后户型分析

01 只需要一步就可以让整个空间变得不一样——拆除厨房的墙体，释放尽可能多的空间。拆除墙体，打开空间做社交餐厨，实现家庭会客的功能。墙体拆除后，空间变得更宽敞，动线变得更灵活，玄关柜的使用感也提升了不少。

改造设计图

功能和使用上的一些小改变也可以很好地提升幸福感。

两居室户型

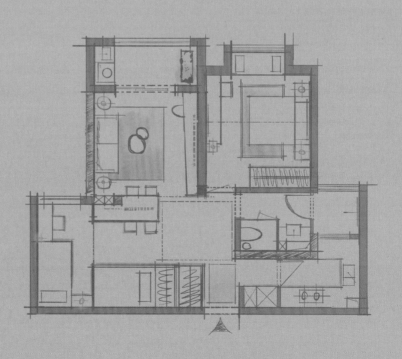

04 餐厨关系新体验

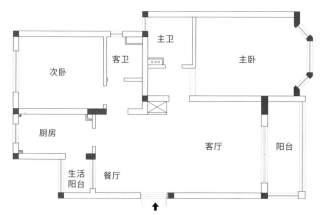

原始户型图

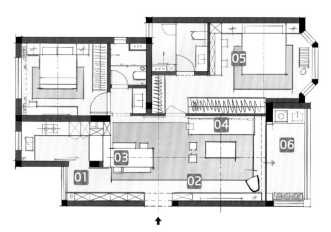

改造设计图（方案一）

关键词

环形动线、通透性、互动性、趣味性、功能重叠、形体穿插

导读

如何在看似固定的空间内找寻新的突破口？

原始户型分析

1. 该房为三面通风采光的两居室，其户型方正，但客餐厅墙体界面不整齐，生活阳台窄小，只能给予室内二次采光，不如将其敞开。

2. 入门没有玄关位，餐厅板块内的动线复杂，容易造成动线交错。

户型切入点

1. 改善餐厅布局，优化户型动线，提升户型内的生活体验及收纳配置。

2. 如何避免入户无玄关的尴尬？

3. 如何将空间打开，避免空间局促？

4. 若户型中间出现柱子，如何巧妙与之结合？

优化后户型分析

01 将窄小的生活阳台纳入室内，可将通往厨房和卧室的路线进行分流，避免动线交错。

02 将玄关柜与电视柜拉平且一直延伸至左侧一整面墙做储物柜，增加刚需户型的储物比例，使整体空间块面整洁。

03 厨房右侧操作台加宽，与餐厅之间采用玻璃隔挡，留一部分空隙还可用于传菜；靠近餐桌的台面下方可增加餐厅部分的收纳空间。

04 在平面改造设计图中，将沙发背景墙向下移动，主卧采用暗门的形式，外侧拉齐墙体使界面保持整齐，内侧给主卧让出一整条衣柜，使储物空间变强大。

05 主卧床边原本衣柜的位置设计成双人写字台，融入书房的功能形式，方便业主平时看书写字以及使用电脑，更加符合刚需户型的定位。

06 抬高阳台区域，可强调客厅与阳台两者间的空间关系。除了晾晒衣物外，阳台区域还可作为亲子互动的场所，功能重叠，且能增加趣味性以及与客厅之间的互动性。

优化后户型分析

01 结合空间内的柱体做入户玄关对景，设计具有通透感造型的柜子，弱化柜体本身带来的厚重感，增加视觉穿透效果。

02 在平面改造设计图中，调整进门动线，将客卫墙体向内压缩，利用空间内的两根柱子做大空间的环形动线，利用形体穿插的形式使空间合二为一。

03 在此空间内，沙发背景墙原本的阳角墙面所带来的强硬和局促的感觉被弧形墙面完美地缓解，收放之间展现空间的柔美。

两居室户型

改造设计图（方案二）

在平面布局中"向上发展，向下争取"可以得到更多的空间可能性。

05 突然变大的餐厅

原始户型图

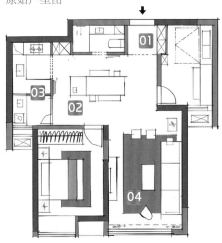

改造设计图

小空间也要有大生活。

关键词

环形动线、采光、功能重叠、利用率

导读

不要局限在建筑框架里，要跳出来，从全局出发！

原始户型分析

1. 此房为单面采光的两居室户型，空间方正，但各功能板块的比例不佳。

2. 无玄关柜摆放位置，餐厅小且位置尴尬。

3. 厨房、餐厅、卧室、卫生间等动线较为拥挤。

户型切入点

重新划分功能区域，合理调整动线。

优化后户型分析

01 压缩多功能房的部分空间，沿卫生间墙体与梁位对齐做玄关柜，强调玄关的区域感。

02 放大餐厅面积。重新规划餐厅区域，放大后的餐厅还可以增加一个小岛台，使空间功能变得更加灵活。

03 整合家政空间。厨房内做 U 形操作台，增加操作台面的尺寸，提高利用率。在小空间里使用移门可以减少为平开门预留的门扇位。厨房的左侧做生活阳台，用隔墙可避免油烟污染，而玻璃的使用可以保证厨房和餐厅的采光。

04 对于刚需户型来说，拥有一个生活阳台就足够了，所以设计师将原来的阳台纳入室内，扩大了客厅面积，并摆放三人位组合沙发，增加空间感。

06　功能拆分的重要性

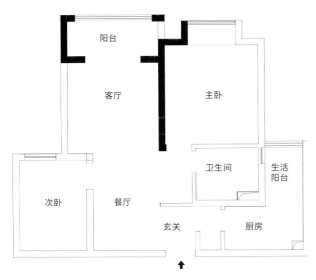

原始户型图

两居室户型

关键词

生活气息、趣味性、互动性、成长性、采光、功能重叠

导读

如何在保证空间功能的基础上完善舒适性。

原始户型分析

1. 业主为四口之家，有两个女儿，分别上小学和幼儿园，需要将两房改为三房并添加工作台。

2. 该户型单面采光，是两房的品质户型，有独立的玄关。从原始户型平面图中可以看到，右侧厨房套生活阳台，从动线上来看，入户后需要穿过餐厅才能进入次卧，动线交错。

户型切入点

考虑动线的合理性，将卫生间和生活阳台结合，让家政空间利用率最大化。

优化后户型分析

01 取消独立玄关区，可以让入户后的视野更开阔，采光更均匀。将传统鞋柜式玄关变为深 800 mm 的玄关库，可兼容多种使用功能，放置各种大件物品。若是介意入户门直对着卧室门，可将卧室门做成暗门，同时挂上装饰画，还能成为入户对景。

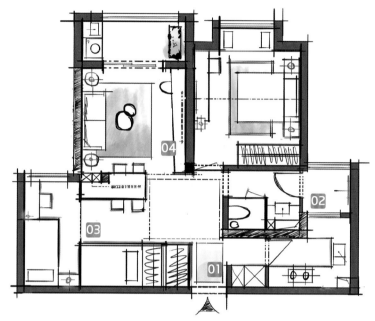

改造设计图

02 业主家中四口人，从家政空间的角度出发，需要保证厨房空间的使用功能，可以向生活阳台"借"出一段操作台面，同时封窗以保证厨房的二次采光。卫生间做"三分离"的形式，保证家中基础设备齐备，嵌入式台盆更加节省空间，利用烟道的位置做壁龛，增加储物空间。

03 小孩子最主要的需求是睡眠区与共同的学习区。在该区域做移门或软性隔断，以结合周围的开阔空间。打开隔断，这里是孩子们与家人共同玩耍和成长的空间；关上隔断，便可形成各自独立的睡眠空间，实现功能重叠和功能串联。

04 在平面改造设计图中，将餐厅向上移动，电视柜与工作台结合，做非标准的斜面台，保证客厅与餐厅的面宽尺度。

 结 语 ✎

　　遇到单面采光的小户型，我们要着重注意每一个空间的采光量，尽量减少阻隔阳光的隔墙。

07　寸土必争

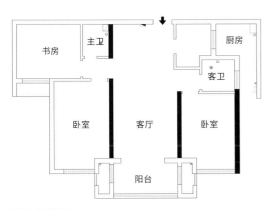

原始户型图

改造设计图

不要被原始户型的大小固定住设计思维，改变形态能马上发现不一样的思路。

关键词

增加采光、拓展空间、利用率、动静分区

导读

完善每一个角落，寸土必争！

原始户型分析

1.业主想要将客卧作为未来的儿童房使用，同时想要一个吧台，主卧需要配套书房和衣帽间。

2.该户型两面通风采光，无玄关位，同时两个卫生间较小，厨房呈手枪形状，且位置刁钻。

户型切入点

整合空间，提高户型配置。

优化后户型分析

01 将客卫墙体改为地窗，可大面积增加客卫的二次采光。在厨房内套入家政空间，沿墙体进行分隔。厨房的 L 形操作台增加一段窄台面，以提高利用率，满足厨房基本使用功能。

02 在户型中设中西厨。厨房外置储物柜、电器柜，以满足户型公共区域的基础收纳容量。

03 由于原始户型中客卫太小，所以外置洗手台和收纳柜，提高利用率。

04 主卧入门后设置双侧步入式衣帽间。将主卧门直对着的墙面进行书柜及写字台一体化设计，以保证靠窗位置的日常采光。将主卫压薄、延长，改变原始形态，利用软隔断使空间更有弹性，还能放下一个浴桶。卧室内设置动静分隔。

05 扩大阳台两侧可利用的区域，增加绿植或提升收纳系统。

两居室户型

08 灵活的隔断

原始户型图

关键词

社交餐厨、开放空间、功能重叠、"三分离"、视觉

导读

如何抓住业主的喜好,满足开放空间最大化的需求?

原始户型分析

1. 业主为四口之家,喜欢简单的布局,想要拥有开放式厨房,在书房或客厅设置开放式榻榻米,希望主卧有衣帽间,卫生间为"三分离"的形式,儿童房设上下铺。

2. 该户型三面通风采光,整体呈竖条状,入户缺少鞋柜摆放的位置。

3. 卫生间面积较小,无法满足业主"三分离"的要求。

户型切入点

大胆地把客餐厅区域的所有隔墙拆除,最大程度地满足空间开放的需求。

优化后户型分析

01 根据原建筑布局,划分动静分区。拆除动区隔墙,将阳台纳入室内,在平面改造设计图中将空间向上延伸,形成最大的空间视觉感。

02 将鞋柜、家政空间与开放式厨房结合,用折叠门形成一个可开可合的灵活空间,使该区域既干净又能形成一个整体。

03 大长桌的运用,使功能重叠,不光可以满足用餐需求,还可实现书房功能,打造亲子互动空间。

04 卫生间隔墙向主卧扩展,增加卫生间的空间,不仅能满足"三分离"需求,还可增加收纳功能。

05 衣帽间要有足够的容量来满足收纳需求。设置 L 形转角衣柜，在有限的空间中容纳更多的衣物。

局部优化后户型分析

01 主卧的床靠窗边摆放，利用床尾的空间增加储物量，取消床头柜，改为利用率更高的梳妆台。

02 通过分析学会取舍。儿童房内减少了部分储物空间，但得到了两个独立的学习区。

03 取消方案一的可变家具，在休闲区设计翻板床，同样可以满足客房的使用功能。

两居室户型

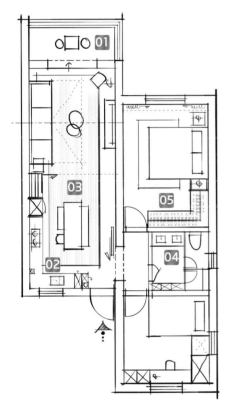

改造设计图（方案一）

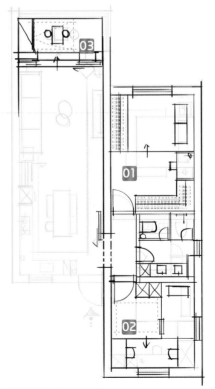

改造设计图（方案二）

设计中要学会取舍。

09 重新分区的重要性

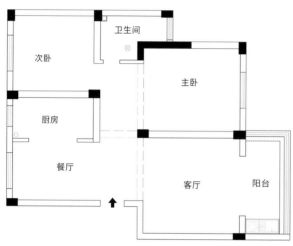

原始户型图

关键词

社交餐厨、环形动线、对景

导读

如何打破看似是定局的布局？

原始户型分析

1.该房是两面通风采光的两居室户型，入户门直对卫生间门，无玄关位置，中间走道区域有些浪费。

2.厨房空间窄小，利用率低。

3.卫生间本身异型，窄长、尺寸小，还有一根立管贯穿其间。

户型切入点

优化餐厨区域，提高空间利用率。

改造设计图

两居室户型

优化后户型分析

01 拆除厨房墙体，合并餐厨区域，重新规划各功能板块的位置，设计中西厨或开放式社交餐厨。厨房开放后的空间不光可以得到大面积的操作台面，提高利用率，还能优化入户后的视觉效果，使得空间开阔不闭塞，动线更加灵活多变。

02 餐桌边嵌入玄关柜做入户对景，不仅解决了户型无玄关的难题，还解决了入户门与卫生间门对开的问题。在柜体中间留部分距离让视线穿透，使户型有空间感且不闭塞。

03 将卫生间墙体向次卧方向偏移，但至少保证次卧能留出一张床和衣柜的深度。在卫生间利用墙体与柱体之间的位置做壁龛，利用马桶旁边的空间储物。

04 立管用柜体包住，可用于储物，也可作装饰。

一面墙的取舍，一分一毫的移动都能得到不一样的结局，要把握大局。

10 利用设计解决二孩的居住难题

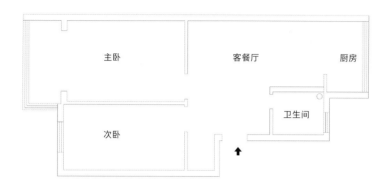

原始户型图

关键词

功能重叠、儿童成长、采光、空间互动、界面

导读

如何从设计的角度来缓解二孩生活带给当代年轻人的压力?

原始户型分析

1. 该房是一间不足 70 m² 的两居室学区房,居住着由年轻夫妻和两个孩子组成的四口之家。优化后的户型要有两个孩子的睡眠区、学习区和玩耍区,同时业主也希望家中有更多的收纳空间,主卧要有梳妆台。另外,家中偶尔会有一位老人来居住,帮忙照看孩子们。

2. 整个户型呈长条形,两侧通风采光,而中心位置采光较弱。客餐厅以及入口处的空间融在一起,没有明显的区域划分,且尺寸较小,次卧外还有一个尴尬的死角。

户型切入点

调整户型板块的位置,使之合理化。优化户型动线,从年轻夫妻的生活喜好及儿童的成长角度出发来思考整个户型的设计。

 方案一

优化后户型分析

01 重新调整各功能板块的位置,压缩主卧的面积。舍弃装饰性的床头柜,增加卧室内的收纳空间。将主卧隔墙变为玻璃推拉门的形式,这样不仅可以增加亲子活动区的自然采光,还可以节省每一寸可利用的空间。

两居室户型

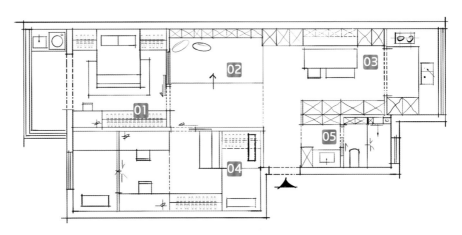

改造设计图（方案一）

02 这里不仅是客厅，更是亲子互动区。改造后的户型舍弃了传统客厅区域的布局方式而采用榻榻米的形式，散落的抱枕更有家的感觉。

03 在小空间里更要注重界面的关系。在相邻的餐厅区域使用卡座，在节省空间的同时还增加了收纳区，业主可以在这里做手工，促进家庭关系。餐厅区域里所有的储物柜都使用"顶天立地"的形式。

04 将儿童房门口尴尬的死角纳入卧室内，同时提升门口玄关位的区域感。整个儿童房分为三个区域：儿童睡眠区、学习区和老人临时睡眠区。临时睡眠区增加玻璃移门，给予老人专属的私密空间。儿童睡眠区使用错位上下铺的形式，有利于孩子们相互监督照看，还能利用纵向尺寸在床下增加儿童所需的收纳空间。

05 卫生间做干湿分区，洗手台盆外置，增加利用率。利用管道位置增设卫生间内的储物空间。

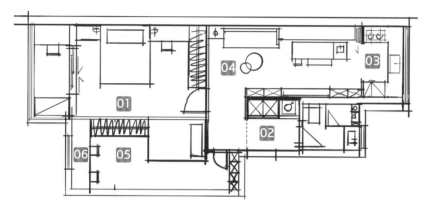

改造设计图（方案二）

优化后户型分析

01 保留主卧板块里的空间面积不变，重新调整外部各功能板块的位置、比例。

02 小户型也要增加入户仪式感。利用延长的电视背景墙制作玄关收纳柜及入户对景，利用软装的搭配来增添家庭氛围。

03 餐厅与方案一相同，使用卡座的形式来节省空间。在餐桌旁增加小型岛台，拉近餐厨之间的距离，让空间与空间串联起来。

04 将餐厅的卡座一直延伸到客厅区域，把沙发嵌入卡座中，使整个客餐厅背景墙的界面得到延展，从视觉上放大空间感，让界面看起来更干净整洁。

05 将儿童房门口的死角区域纳入卧室内，改变卧室入口的位置。在卧室内使用上下铺，给予儿童更多的活动空间。设置一整面绘画墙，激发儿童的想象力，促进儿童之间的情感交流和成长。

06 定制一张双人位长条书桌靠窗摆放，满足采光的同时可以容纳更多儿童物品，提高使用率。

　　满足居住者的需求是设计的第一要素。

三 居 室 户 型

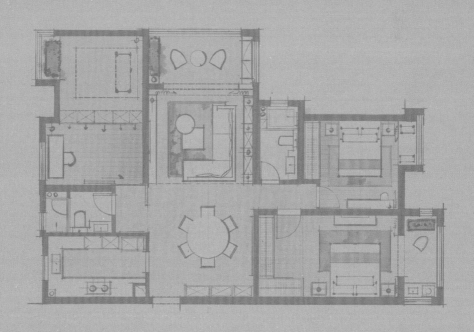

11 空间的独立性与附属性

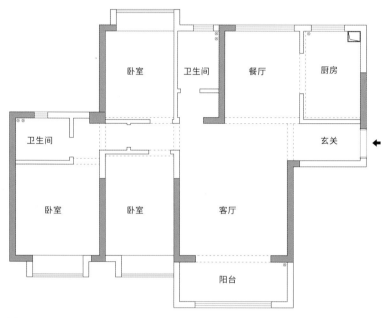

原始户型图

关键词

时间、功能拆分、功能合并、社交餐厨、逆向思维

导读

承重墙带来的局限性应该如何打破？主卧面积不大，如何满足居住者对衣帽间的需求？

原始户型分析

1. 该房是两面通风采光的三居室户型，其走道狭长，一眼就能望到尽头。

2. 承重墙过多，给灵活的空间设计增加了不少局限性。

3. 该户型的玄关无鞋柜位置，且卫生间面积太小。

优化后户型分析

01 将入户左侧的长飘台和沙发背景装饰柜进行结合，强调立面的延伸。装饰柜有着强大的收纳功能，同时可在装饰柜中设计部分展示柜，用于存放家庭的生活照、旅游纪念品。

02 打通餐厅和厨房空间，合并两者的功能，让餐厨社交一体化。利用集合的鞋柜、电器柜、餐边柜组成独立收纳柜，形成厨房环形动线，这样既能保证买菜回家后进入厨房的便捷性，又不影响餐厅的使用。使用联动移门让厨房空间可

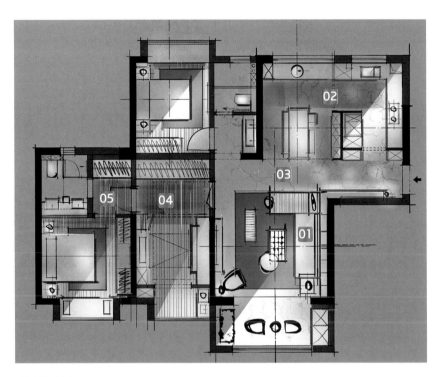

改造设计图

分可合，既开放又独立，还能解决油烟和燃气安全等问题。

03 软装的选择也能影响居住者的心情。舍弃客厅直角沙发的靠背，打破客餐厅之间隐藏的界限，产生更多互通。

04 书房看似被纳入主卧，却又是独立的存在，这样做可以更好地利用过道的面积。书房内设置翻板床，还可升级为临时客房及儿童玩耍区（可根据居住者各时间段需求进行改动）。

05 取消传统意义上的步入式衣帽间，将功能进行拆分，形成长达 4 m 的衣柜，沿侧墙贯穿主卧和书房，巧妙利用空间。实际上，可使用的隐藏收纳空间相当大，不仅不会额外占据面积，还能满足居住者对衣帽间的使用需求。

当你疲劳一天回到家，看见入门飘台上的一盏灯就能感受到家的温度。设计是灵活的，所有功能也都是可以串联重叠的。

12 学会取舍

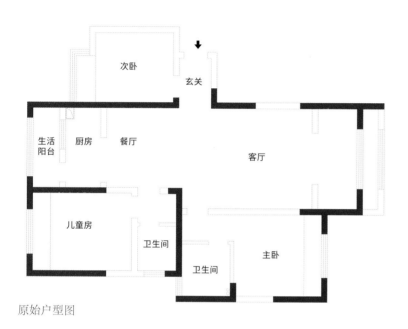

次卧

玄关

生活阳台　厨房　餐厅

客厅

儿童房

卫生间

卫生间

主卧

原始户型图

关键词

干湿分区、玄关对景、利用率

导读

如何在增加配置的同时巧妙地解决户型缺陷？

原始户型分析

1. 业主家三代同堂，女主人表示想有一个衣帽间和岛台，可以接受只保留一个卫生间。

2. 该户型入户门直对主卧房门，玄关无鞋柜摆放位置，厨房较小。

3. 该户型没有客卫，两个卫生间均在卧室里。

4. 该户型方正，三面采光。

户型切入点

我们总是会碰到一些奇怪的建筑布局，此户型为刚需户型，可先根据户型的配比和功能，将左边卧室的卫生间变成客卫，主卧的卫生间设置为衣帽间。

优化后户型分析

01 将玄关与次卧之间的隔墙削薄，留出一个鞋柜的位置。

02 将左侧生活阳台纳入室内，做U形橱柜操作台增加厨房的功能，提高利用率。

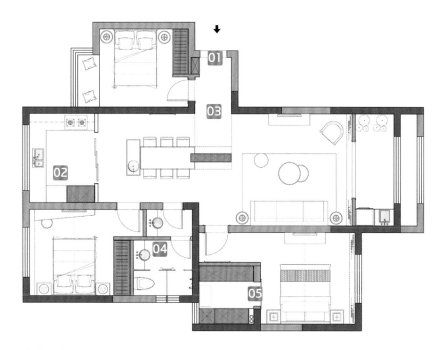

改造设计图

03 岛台、餐桌、装饰柜相结合，既增加了入户门的对景，又加强了玄关的仪式感，还解决了入户门直对卧室房门的问题。

04 将儿童房的卫生间独立出来，改变窗户的形式，保证其是一个正常的"三分离"卫生间，再单独划分出一个干区，解决早晨集中使用卫生间的麻烦。

05 将主卧的卫生间改造成步入式衣帽间，增加收纳空间，满足每个女性对衣帽间的向往。

当我们遇到功能配比不够的户型时，应该从全局出发，先优化各功能的配置比例。

三居室户型

13 学会利用功能、完善功能

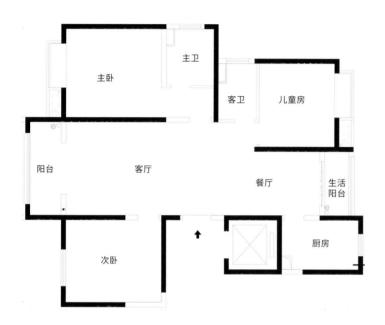

原始户型图

关键词

共享空间、对景、形体穿插、利用率

导读

遇到空旷的空间时，我们应该怎么办？

原始户型分析

1. 业主为三口之家，女主人需要一张梳妆台，男主人需要一张写字台。

2. 客厅横向尺度太大，容易造成空间浪费。

3. 没有独立玄关，入户缺乏仪式感。

4. 主卧房门直对入户门，私密性差。

5. 户型方正，三面通风采光，各功能配比均衡。

户型切入点

考虑玄关的位置及客厅区域是否可以纳入其他功能，将空间利用起来。

优化后户型分析

01 在入户门一走道上设置玄关，结合玄关摆放一张工作台，可用于亲子互动、书法、写作等，增加第三空间属性，解决客餐厅之前的空间浪费问题。在工作台后设计隔栅背景，强调区域感。透过格栅，餐厅若隐若现，格栅还能用于遮挡生活阳台上悬挂的杂乱衣物。

02 将沙发摆放在横向空间的凹位

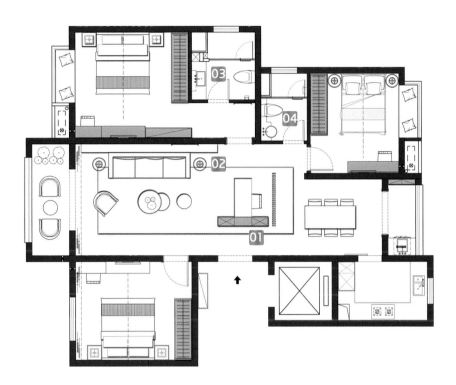

改造设计图

处，单椅和圆凳可以让空间看起来更加休闲舒适。在沙发后侧增加 30~40 cm 宽的飘台，从视觉上纵向拉宽空间，同时还可放置装饰品，与软装相呼应。

03 主卧功能配比完好，卫生间内利用管井位置做了两个壁龛，一个用来增加台面的收纳空间，另一个则为淋浴间设置。

04 客卫面积较小，将台面延长至马桶上方，使台面效果整体性更强，提高台面利用率；做圆形半嵌入式台盆，节省空间，同时在狭小的空间里，可避免直角台盆带来的磕碰。

功能配置的增加可以丰富生活的形式。

14　平面布局对立面设计的影响

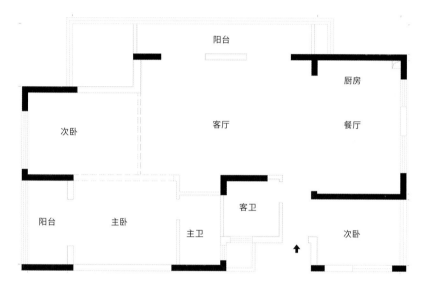

原始户型图

关键词

可分可合、环形动线、半开放空间、沙发中岛、仪式感、互动性

导读

在墙体的影响下，若无法改变小空间就让它更加精致，对于大空间，就让它更加完善。

原始户型分析

1. 该户型是刚需户型。业主三代同堂，其中男主人需要一张工作台，女主人想要一个衣帽间。

2. 客厅横向尺寸较大，无玄关位，客卫较小，且主卧房门与主卫房门冲突。

3. 该户型三面通风采光，有宽大的阳台，采光丰富。

户型切入点

增加客厅配置属性，考虑客厅与餐厨之间的关系。

优化后户型分析

01 压缩客卫的小部分面积以设置玄关柜，由于玄关处没有遮挡，所以在走廊尽头摆放入户对景。由于客卫本身空间较小，无法做正常尺寸的台面，所以做成窄台面加嵌入式台盆的形式，这样做的同时，还能得到两个储物空间。

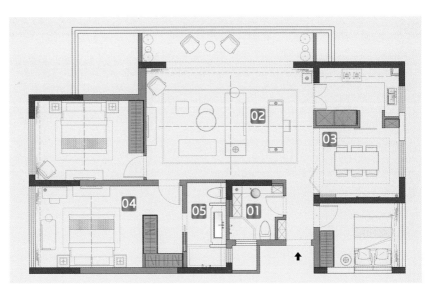

改造设计图

02 将沙发以中岛的形式进行布置，在客厅中添加一个墩子、一把单椅，可以让空间更加开阔、灵活。后方设计工作台以增强客厅配置，两侧可以摆上具有仪式感的灯具。

03 餐厨选择半开放式空间。在厨房安装一扇平开门、一扇移门，可分可合，形成环形动线，让空间更加灵活、开放，与餐厅、客厅产生更多的互动。餐厅设计了折叠屏风，当屏风展开，且厨房的平开门关闭时，就能构成一整面完整的背景，还可让餐厨的关系变得更加亲密。

04 L形衣柜做视觉遮挡，增强主卧隐私性的同时还营造了衣帽间的感觉。贵妃椅、梳妆台增加了主卧配置，让业主的生活更有品质。

05 将主卫的门移动至与衣柜平齐处，避免了它在使用上与主卧门的冲突，还能隐藏在衣柜空间里。主卫采用了"三分离"的设计，让淋浴间和马桶所占面积相等，同时把两者分别设置在台盆两侧，这样就像是拥有了独立的马桶间，移门的设计也避免了主卫门与淋浴门的冲突。

注重细节、注重仪式感，才能懂生活，让生活变得更有意义。

15 最小的改动、最大的优化

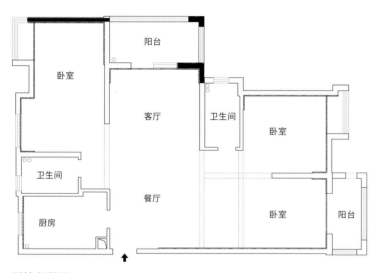

原始户型图

关键词

榻榻米、材质区分、中岛布置、采光、绿植、私密性

导读

卧室也可以有很多可能。

原始户型分析

1. 该户型方正，各空间配比均衡，且三面通风采光，客餐厅净宽较富余。

2. 左侧卫生间的门直对餐厅，无玄关位置。

户型切入点

完善户型配置，合理规划每一个功能板块的位置。

优化后户型分析

01 入门处鞋柜横放，与餐边柜结合使用。左侧卫生间与餐厅之间设计屏风隔挡。用材质来区分动静区域，客厅、卫生间、厨房、阳台都铺设瓷砖或大理石，多功能房和卧室则使用木地板。

02 根据客厅尺寸，在不影响沙发与电视距离的情况下，将沙发以中岛的形式进行布置，形成环形动线。沙发后方的书柜，不仅具有收纳作用，还能起到装饰效果，让客厅看起来更休闲。

03 左侧卧室设计成多功能房。根据

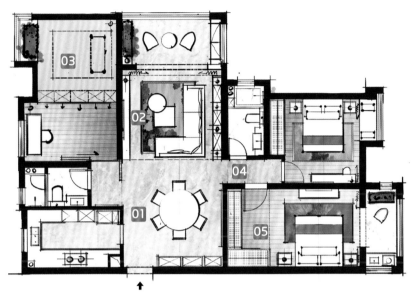

改造设计图

墙体划分出榻榻米的区域，抬高 15 cm，作为亲子互动区或客房，飘窗的窗台上摆放绿植，可增添空间的活力，抬高部分的内部可做抽屉，增加收纳功能。卧室未抬高区域内放置书桌，可实现书房功能。

04 改变卧室门的位置，避免两个卧室房门都直对着客餐厅。按照两个卧室的空间面积比例，舍弃套内卫生间，这样可留出一个通道，以增加卧室的私密性。

05 主卧使用 L 形衣柜增加收纳功能。将家政空间放在主卧内侧的阳台，这样做可避免一入门就直接看到阳台悬挂衣服的杂乱场景。

愉快的周末，一个人躺在榻榻米上沐浴阳光，或约三两好友来家中玩耍，原来，美好的生活一直都在。

16 材质区分对空间划分的作用

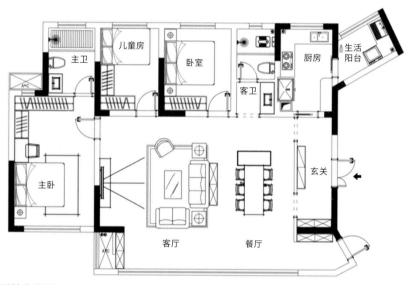

原始户型图

关键词

储物间、区域感、空间互动性、社交餐厨、利用率

导读

可以利用隔墙、材质的区分来强调空间区域感。

原始户型分析

1. 该户型玄关位横向距离太大，空间利用率低，客卫蹲便器与坐便器功能重复。

2. 该户型两面通风采光，但局部存在异型空间。

户型切入点

将玄关的空间利用起来，增加空间配套设施。

优化后户型分析

01 在入户处设计对景，压缩玄关区域的面积隔出一间储藏间，以增加收纳空间，提高户型功能配比。将玄关柜移至入门右侧，与对景隔墙拉平，保持界面整齐，强调区域感。

02 将阳台面积纳入室内使用，拉伸客厅纵向空间，用不同的地面材质进行区分，这样看似分离却又是整体。将原始户型图中客厅、餐厅的中轴线向下移动，让出一条过道，形成环形动线，使得空间感更灵活。餐厅中使用岛台嵌入餐桌的形式，餐桌后方可利用玄关背

改造设计图

景和储物间的隔墙做深高柜，放置各种电器，增加收纳空间，形成社交餐厨。

03 利用承重墙的凹位做收纳柜，将电视内嵌，形成电视背景墙。地面铺装与承重墙拉平进行材质区分，使其与阳台地面材质相呼应，这样可弱化墙体凹位，强调区域感。

04 取消原方案中儿童房内的 L 形直角衣柜，整合收纳功能改做一排柜子，将床尾浪费的空间利用起来，这样做的话不仅储物量不会减少，还能在儿童房内增加一张写字台，提高整体利用率。

05 保留原方案的客卫布局形式，淋浴间内沿着管道包出一个壁龛的厚度，以增加储物空间。在马桶上方增加搁板，可放置香薰、装饰品及随身物品，丰富空间的使用功能。

06 整合生活阳台所需功能，设置长条形一体式台盆，将洗衣机内嵌至台盆内，其余空间可增加储物柜。

空间界面的划分与整合不仅可以通过形体，还可以通过材质。

17 功能重叠释放空间

原始户型图

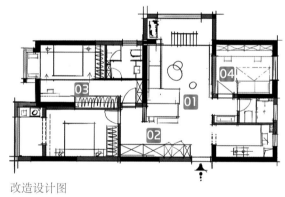

改造设计图

关键词

仪式感、功能重叠、通透性、动线

导读

刚需户型如何使空间更加开阔明亮？

原始户型分析

1. 该户型方正，三面通风采光。

2. 无独立玄关。餐厅板块的位置不合理导致动线混乱。

户型切入点

重新调整动线，增强餐厅功能，打破传统布局。

优化后户型分析

01 将餐厅与客厅结合，直角沙发的转角部分可与餐桌共用。餐桌靠近卧室房门的一侧使用磨砂玻璃隔断，轻薄且增强隐私性，使居住者在入户后有完善合理的动线。

02 将入门玄关柜与电器柜结合，形成一整排干净整洁的收纳柜。玄关柜的柜门可从侧边入户位置开启，这样可便于进出门时使用。

03 主卧房内空间宽敞，但卫生间较小。在平面改造设计图中，将主卫墙体向上进行横向压缩做"三分离"的形式，门后还能增加一排储物柜，与淋浴间衔接的位置还可做壁龛。卫生间外墙与飘窗台平齐，而后将睡眠区抬高，强调整个睡眠区的空间感和仪式感。与常规布局相比，这样做不光会让空间变得更有趣，还得到了更多的储物空间。

04 大面积使用玻璃隔断做电视背景墙，可增加多功能房的视觉通透性，在刚需户型里从视觉上显得更加开阔，看似是一个空间但又分别独立。

 结语 ✏️

刚需户型非常考验设计师的思维。在做方案的时候，不要被建筑墙体和传统布局所限制，要发掘更多可能性。

18 社交餐厨会是未来的中心吗？

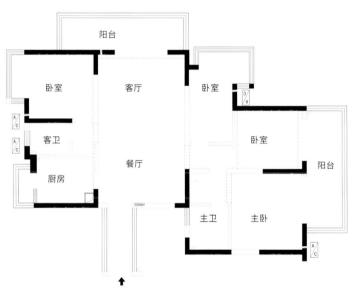

原始户型图

关键词

社交餐厨、绿植、布局、动静分区、区域感、视线穿透

导读

如何在户型中做出不一样的方案？

原始户型分析

1. 业主思想前卫，想要一个"霸气的社交餐厨"，但仍需要保留三房格局，且有一个房间需要做临时客房或平时的储物空间。

2. 该户型三面通风采光，且户型方正，但室内有一些拐角位置不好处理。

户型切入点

采用动静分区，告别传统的布局模式，发现未来的更多可能。

优化后户型分析

01 直接合并原建筑客厅、餐厅，将入户第一眼见到的位置设为社交区，使用"岛台＋吧台＋矮柜＋餐桌"的四合一形式，让社交区的功能更加强大，满足居住者对拥有"霸气的社交餐厨"的渴望。还可在矮柜上放置一件艺术品，作为客卫的对景。

02 将客厅板块挪至原本卧室的位置并做抬高，使用不同的地面材质与社

改造设计图

交区做区分，强调区域感。在原来飘窗台（需要先与建筑商确认是否可以拆除）的位置放入一个转角沙发，这样躺在沙发上也能晒到温暖的阳光。利用电视背景墙上新砌的墙体做客厅与卫生间的间隔，让客厅与社交餐厨之间有视线互动。

03 将临时客房或平时储物使用的房间安排在整个户型中最有个性的位置，并做暗移门。衣柜和沿墙的薄柜可满足各种物品的收纳。嵌在窗户边的床，是白天晒暖阳、晚上看夜景的最佳位置。

04 主卧配置齐全。在平面改造设计图中，将主卫面积向下压缩，墙体向右移动，扩大主卧入门的空间，使房间显得更加宽敞。玻璃隔断的设计可增加采光，让卫生间更加透亮。

05 这次没有将生活阳台放置在卧室内，而是将其保留在了客厅的位置，玻璃门的尺寸设计得当，可以将晾晒的衣物很好地藏在墙内，使入户看不到杂乱的衣物。在两个卧室互通的阳台上布满绿植，放置两把休闲椅、一盏落地灯，这样无论白天还是黑夜，都会让人充满对生活的向往。

结语

　　不要局限于传统的设计布局，随着时代的发展，我们应该不断地创新与发现，只有这样，人类的居住空间才会更加完善。

19 一代人的记忆

原始户型图

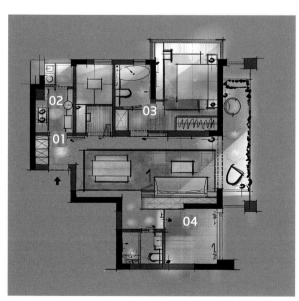

改造设计图（方案一）

关键词

亲子互动、储物隔墙、界面、功能重叠、视觉穿透

导读

利用时间轴，让空间功能得到叠加。

原始户型分析

1.业主为一家四口，家中偶尔会有老人过来住。业主提出要有很多收纳空间，主卫最好有浴缸，需要临时办公区，公共空间内规划小朋友的娱乐区，景观大阳台不能封闭，生活阳台可以封闭，飘窗可拆。

2.该户型为各区域采光充足的刚需户型，缺点是厨房空间窄小。

户型切入点

重新规划户型中各功能板块的位置，运用功能重叠的处理手法满足居住者的多种需求。

方案一

优化后户型分析

01 在玄关做600 mm深的柜子，与厨房台面平齐，方便储存日常用品以及两个小朋友的折叠车。

02 在厨房大小不变的情况下，在灶台区对面设计窄台面，以增加厨房使用率，保证厨房基础功能。利用烟道增加薄柜，用来存放烹饪时需随手拿取的各类物品，使厨房台面更加干净整洁。

03 拆除飘窗台后，从上下两个卧室与卫生间的情况来看，上方卧室更加适合作为主卧来使用，连带将卫生间功能板块相互对调，在主卫中摆放浴缸，还可以比原来增加更多储物空间。

04 利用储物柜来做客厅与亲子活动区之间的隔墙，可增加一整面墙的储物量。客厅沙发使用可变家具，让功能重叠，将折叠门一关，这里就可以变成临时客房。

改造设计图（方案二）

方案二

优化后户型分析

01 将厨房隔墙向书房方向外移，在不影响客房功能的前提下，扩大厨房的操作空间，使体验感倍增。

02 书房内设置固定的单人床，兼做临时客房，床下可增加储物空间。书房内的大长桌不光能满足临办公的需求，还能成为两个小朋友的学习桌。

03 取消方案一中客厅做临时客房的功能，将客厅与亲子互动区之间的储物柜改为玻璃隔断或储物架，增加两个区域板块之间的互动性，也方便在客厅的大人照看孩子。

结语

生育二孩后，家中的物品会越来越多，居住者对储物量的需求也会越来越大，使用榻榻米能增加更多的储物空间。

20 | 60 cm 的意义

原始户型图

改造设计图（方案一）

关键词

异型空间、半开放式、动静分区、环形动线、隐私性、功能重叠、趣味性

导读

异型空间的户型，该从什么角度入手改善？

原始户型分析

该房型四面通风采光，大部分空间方正，但厨房窄小、异型，且由于厨房墙壁是承重墙，无法拆除，使用感相当差。

户型切入点

厨房是这个户型中最大的痛点，优化户型要对此进行突破，让痛点变亮点。

方案一

优化后户型分析

01 拆除非承重墙体做半开放式厨房。厨房两侧使用移门，可开可合，形成环形动线，增加厨房的空间感，削弱由原建筑布局带来的狭小异型感。

02 户型的功能板块分布舒适，可以一刀切地划分出动、静分区。改变主卧的入门位置，让动线更加舒适合理，为避免入户门直对主卧门，在动、静区交汇口可设计装饰移门，增加静区的隐私性。

三居室户型

03 在不影响儿童房使用面积的基础上，占用儿童房的部分空间将客卫做成"三分离"的形式，将台盆移到客卫外面，增加使用率，同时保证淋浴区与马桶区的舒适尺寸。

04 在客厅利用飘窗台做嵌入式沙发凳，拉伸客厅的纵向空间，增加使用功能，不浪费户型中任何一处空间的面积。

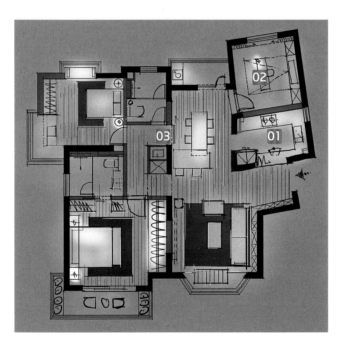

改造设计图（方案二）

方案二

优化后户型分析

01 向厨房承重墙借一些宽度，做 U 形操作台，保证双侧橱柜 60 厘米，台面上设计可开可合的移动窗，增加厨房与玄关板块之间的互动。

02 将方案一的次卧改为书房，增加户型的功能属性，利用翻板床的设计还可继续兼容方案一中次卧的功能。

03 在动、静分区靠餐厅一侧做可开合式移门，让整体空间呈现灵活的环形，增加趣味性。打开移门方便在餐厅活动的人通行，关上移门可加强餐厅的区域感。客卫则继续保留"三分离"的形式。

结语

除了承重墙，其余的墙体都可以通过设计师的灵活设计，结合功能变化出多种形态。

21　空间放大的秘诀

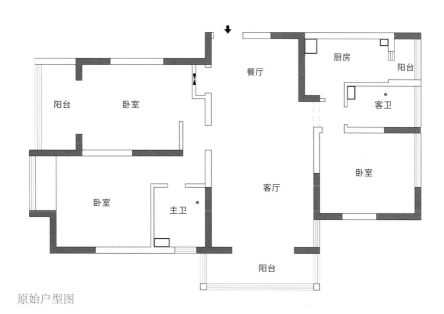

原始户型图

三居室户型

关键词

功能重叠、入户对景、仪式感、视线穿透、利用率

导读

如何在刚需户型中诠释生活方式？

原始户型分析

1.业主有两个孩子（男孩），一个上幼儿园，一个仅5个多月大。要求优化后的户型收纳空间要多，卫生间要干湿分离。

2.本户型承重墙比较多，尤其是厨房位置的承重墙直接阻隔了与餐厅之间的互动，且厨房附属的阳台太小，几乎没有使用价值。

3.该户型动线凌乱，浪费的面积较多。

改造设计图

户型切入点

重新规划合理动线，加强户型配置，不浪费刚需户型中每一平方米的面积。

优化后户型分析

01 增加户型配置，拆除左侧不必要的墙体，划分出独立的玄关区，利用柜体的设计增加入户视线穿透性，加强入户仪式感，同时使空间得到扩展。

02 餐桌依空间形态使用方形长桌，为避免用餐时直对客卫，增加小段墙体遮挡视线。

03 将小阳台纳入厨房，以增加台面操作空间，提高利用率。

04 将书房做成敞开式或在敞开式的基础上增加移门，这样不仅可以促进亲子互动，还可兼备临时客房的功能，使房间的功能重叠。

05 由于主卫尺寸偏小，使用窄台面可以增加活动空间，同时利用管井位给淋浴间和台面设计壁龛，增加收纳功能。

结 语

整合一切可以利用的空间，发挥其最大价值。

22　收纳的魔力

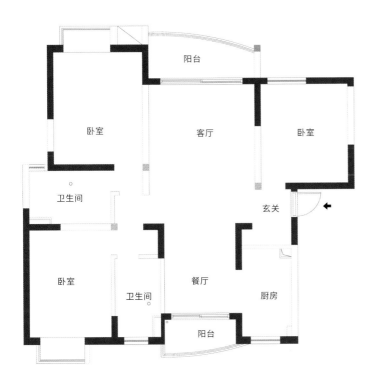

原始户型图

三居室户型

关键词

社交餐厨、玄关库、视线延伸

导读

收纳空间对家庭的重要性。

原始户型分析

1. 该房目前为夫妻两人居住，有一条宠物犬，未来会有一个孩子，三个房间中的一个需要作为书房兼客房。家中需要有中西厨，放置各种烘焙用品和厨房小家电。卧室需要有衣帽间，主卫里需要有浴缸。

2. 该户型为方正的三居室户型，各功能板块比例均衡，整体来讲，户型不错。

户型切入点

让公共空间得到视觉上的延伸，加强各功能区域里的储物功能。

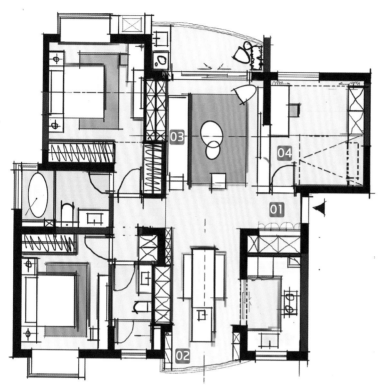

改造设计图

优化后户型分析

 入户门做步入式玄关库。玄关库拥有超大的储物量，可容纳各种物品，如悬挂的衣物、宠物的牵引绳等，未来还可收纳儿童推车。

02 将生活阳台纳入室内，延伸餐厅尺度，增加使用面积。餐桌加岛台的形式以及一整面墙的家用电器储物柜，满足社交餐厨的基本配置，实现居住者对中西厨的需求。

03 沙发背景墙与主卧的隔墙做 S 形墙体，构成双向储物空间。沙发一侧主要起到空间装饰作用，主卧一侧则满足居住者对衣帽间储物量的需求。

04 多功能房为半开放式。电视矮柜向多功能房延伸一个墙体的尺寸，利用玻璃做隔挡，从视觉上拉大了客厅的宽度，从而让空间互通，使视线的延伸性更强。

结语 ✎

设计，要学会取舍。

23 阳台的意义

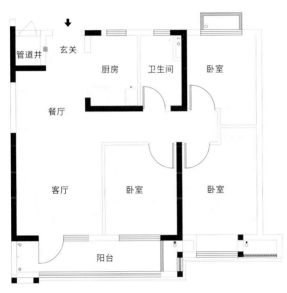

原始户型图

改造设计图（方案一）

关键词

空间绿植 、圆形家具、区域感、界面、半开放式、材质区分

导读

提出将绿植融入空间的概念。

原始户型分析

1. 该户型为两面通风采光的三居室户型，户型方正且各功能板块相对均衡。

2. 由于原建筑左上角有管道井，导致餐厅板块的位置有些偏移。

户型切入点

1. 打破空间硬性界面后得到开阔的空间。

2. 不改动任何墙体缓解空间紧凑感。

方案一

优化后户型分析

01 玄关柜与餐边柜做转角延伸，整合储物空间界面。

02 将书房与次卧板块对调，利用玻璃等通透的材质做隔断，形成半开放式书房，从视觉上拓展空间尺寸。

03 封闭阳台，地面部分与书房统一材质，适当抬高，将绿植融入，强调室内外互通并划分出区域感。绿植的融入可提升空间层次感，加强都市中住宅的生活气息。

04 用材质划分出动区、舒适区、睡眠区三个区域的空间。

改造设计图（方案二）

优化后户型分析

01 保留原始建筑平面图中的布局，利用部分圆形的家具来缓解原始空间自带的紧凑感。

02 在卫生间台盆与马桶上方做整面镜柜，最大限度地提升卫生间的储物量。淋浴间建议使用推拉门，以确保使用的安全性。

1. 都市生活事务繁杂，室内绿植可以起到舒缓身心的作用。

2. 淋浴间不建议做内开门，万一有人在淋浴间晕倒，刚好挡住了门开启的角度和范围，就会造成一定的危险。

方案一改造后效果图 1

方案一改造后效果图 2

方案一改造后效果图 3

24 盒子的概念

原始户型图

关键词

可开可合、环形动线、室内造景、形体穿插、空间感

导读

抓住户型定位。

原始户型分析

1. 该户型为三面通风采光的三居室改善户型，其各功能板块相对均衡。每个空间的净宽、进深较富裕，但整个空间中有两根独立的柱体。

2. 从原始图上看，常规的布局会造成一条走道的空间浪费，且会导致各功能板块相对独立，不互通。

户型切入点

提高户型整体配置，增加客厅、餐厅之间的互动。

优化后户型分析

01 压缩儿童房的面积，在平面改造设计图中，将客卫板块移至上方区域，打开整个客餐厅区域的空间，将阳台纳入室内做健身区域，延伸客厅净宽，从空间形态上让客厅、餐厅、阳台融为一体，增加三者之间的互动关系。

改造设计图（方案一）

三居室户型

02 空间中的立柱结合客厅、餐厅的收纳系统，可藏于墙身中，也可整合成一个独立的收纳盒子，置于客厅、餐厅、玄关和客卫的中间位置，形成环形动线，增加室内艺术造景，巧妙地将一个收纳盒子供四个空间板块同时使用。

03 玄关右侧的凹位可结合立柱设计成独立的衣帽间或玄关库，完美地收纳各种大物件和过季的家用物品，增加户型的储物空间。

04 在平面改造设计图中，将下方卧室设计成开放式书房，结合右侧窗台可拆部分，利用延伸的长桌增加可开可合的室内造景，还能顾及健身房以及客厅区域。沿立柱划分出书房内部地面并做抬高，强调该区域的空间感。

05 主卫进深较大，可做豪华"四分离"的形式，还可增加梳妆台功能，提高户型配置，方便女主人在这个空间中梳洗装扮。

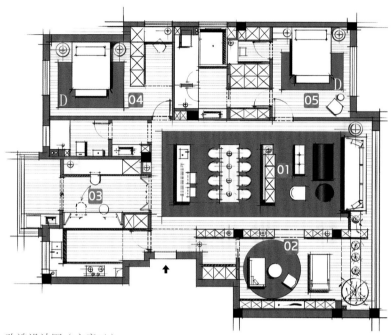

改造设计图（方案二）

方案二

优化后户型分析

01 方案一没有改动客卫的板块位置。保留纳入室内的阳台，并将客餐厅区域整体向右移动，植入吧台功能以增加餐厅的配置。客厅、餐厅之间利用装饰柜进行区域划分，通过一张地毯进行整合，使得各板块看似为一个整体却又各自独立。

02 开放式健身房结合具有视线穿透感的柜子，右侧有形体穿插至沙发的端景，左侧有可开可合且与玄关有着强烈视线穿透感的储物间，在整个大空间内纵横交错，相互结合，生动有趣。

03 将原来的餐厅改为书房，结合生活阳台的采光优势，设计成两面可开可合的形式。从平面改造设计图中可以看出，书房的上半部分是独立的书桌，而下半部分与厨房产生了更多互动，台面上的移门让原本独立的厨房增加了开放的效果。居住者可以通过这个开放的操作台结合餐厅的水吧台，增加更多的互动可能性。

04 儿童房保留原始平面布局的大小，利用户型本身的空间形态及采光优势，结合衣柜，为居住者打造出一个独立的学习区。

05 由于主卧进深尺寸较大，所以可分别设置男主人、女主人的独立衣帽间，以达到最大的空间储物量。

结语 ✏

平面布局是设计的骨架，开局就不要放过任何一处，要有大局观。

25 功能拆分重组，"1加1大于2"

原始户型图

改造设计图

关键词

社交餐厨、动静分区、环形动线、可开可合、互动性、利用率

导读

解读什么是"功能拆分重组，'1加1大于2'"。

原始户型分析

1.该户型为两面通风采光的三居室户型,户型方正,各功能板块比例均衡，综合来讲是个不错的户型。

2. 该户型唯一的缺点是走道结合客餐厅的区域存在部分空间的浪费。

户型切入点

合理利用每一个空间，每一寸面积，提高户型的功能配置。

优化后户型分析

01 根据原始户型图的布局，直接将空间一刀切，划分出动区与静区，区分地面材质，从视觉上解决走道过长的问题。

02 将餐厅与厨房合二为一，变成当下最流行的可开可合的社交餐厨，打开空间的同时提高操作台面的利用率，扩大采光空间，收纳柜可放置电器设备并充当餐边柜。

03 抛开常规的房间布局方式，采用双重可开可合的功能空间，加强功能板块之间的互动性。关上，是一个独立的小空间；开启，结合客厅、社交餐厨便是一个活动的大空间。

04 将走道尽头的一部分面积纳入卧室内使用，一是解决了儿童房进深尺寸有限导致活动区域小的问题，二是充当了主卫的马桶间，并将淋浴间的空间位置释放出来。

 结 语

面积与框架是固定的，但空间的大小是室内设计工作者能控制的。

26 优化的魅力

原始户型图

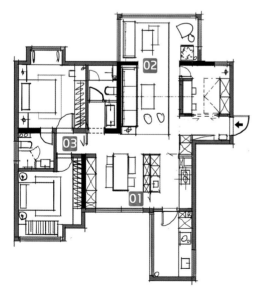

改造设计图（方案一）

关键词

社交餐厨、玻璃盒子、通透性、环形动线、动静分区、趣味性、隐私性、采光

导读

改变原建筑功能板块的位置，释放空间。

原始户型分析

1. 业主是一对90后的夫妻，他们和其中一位的妈妈一起住。业主希望客厅能采用灵动的布局方式，餐厅需要餐边柜，厨房因油烟可能不考虑开放式；需要保留两个卧室、两个卫生间和一个客卧；希望有一间书房，并能挤出一个衣帽间；阳台采用落地窗；暂时没有生育计划。

2. 该户型为三面通风采光，卫生间的开口方向影响卧室的使用感；客餐厅之间的界限不明显；厨房连通着生活阳台显得空间狭长；无独立的玄关位置。

户型切入点

从年轻人的生活方式出发，提高户型配置。

方案一

优化后户型分析

01 重新调整餐厅板块，让餐厨关系更加紧密。两扇移门开开合合，一是解决中厨的油烟问题，二是延伸厨房，使空间更加自由，不拥挤。

02 将阳台纳入室内，拓展客厅面积，配上可开可合的书房移门,让整个空间更加灵活,增加趣味性。足够大的空间,才能满足业主对灵活布局的需求。

03 将客卫与主卫的位置对调,用一扇移门划分动静分区,增强卧室部分的隐私性,这样,即使在外面进行各种娱乐活动也能最大限度地保证卧室内的安静。

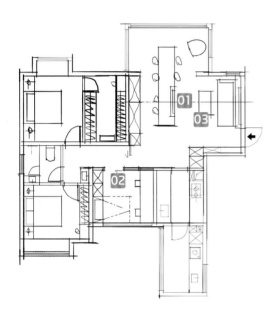

改造设计图(方案二)

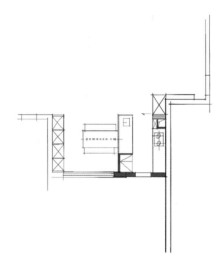

改造设计图(方案三)

优化后户型分析

01 客餐厅部分充分融合并放大社交餐厨的属性,业主可以在这里进行更多的家庭活动,使家人之间的关系更密切,这种布局也更加贴合现代年轻人的生活方式。

02 动静分区,利用书房的玻璃移门增加走道的二次采光,用书桌靠边布置的方式提高台面利用率,以增加房内活动空间,在刚需的户型内需要设计师把握每一寸面积。

03 玄关柜与电器柜结合,做转角延伸。收纳面积的增加,使空间干净整洁。

局部优化户型分析

在方案二的基础上继续优化餐厨板块。餐厨之间使用玻璃隔断与玻璃移门,在空间内植入一个玻璃盒子。玻璃具有通透性,可以最大限度地延伸空间视觉感,起到在无形中放大空间的作用。

设计需要与时俱进,设计师需要思考未来的生活方式。

27 度假风户型

原始户型图

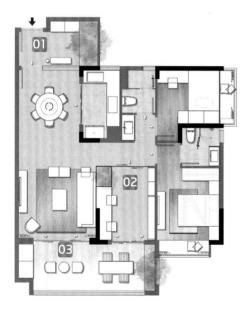

改造设计图

关键词

空间绿植、视觉渗透、休闲

导读

如何产生与以往居住户型不同的体验？

原始户型分析

1. 该户型为三面通风采光的三居室户型。

2. 该户型各功能板块面积配比均衡。

户型切入点

与以往户型布局相比，户型优化要融入更多休闲的感觉。

优化后户型分析

01 保留原建筑的玄关位，在玄关与餐厅之间以窗户的形式设计阻隔，可以营造出一种与流行的户型布局不同的感觉。长条椅和绿植让居住者产生一种在新环境中放松的体验。

02 在书房部分采用玻璃隔断结合绿植的方式：一是将视线延伸至阳台，使空间感更通透；二是融入房间的绿植不仅可以吸引视线，同时也能产生若隐若现的视觉效果，还能与外景产生呼应，仿佛将自然风光带进室内。

03 阳台布局贴合了度假的感觉，桌椅的摆放与绿植相呼应，用软装烘托出整体的休闲氛围。

可利用绿植来吸引视线，烘托氛围。

28 全是承重墙?

原始户型图

改造设计图

局部改动，考虑整体空间。

关键词

社交餐厨、承重墙户型

导读

碰到极少见的全是承重墙的户型应该怎么办?

原始户型分析

1.该户型为两面通风采光的三居室户型，各空间光照充足，且各板块面积配比大体均衡，净宽较大，唯独厨房和右上角卧室的面积较小。

2.该房最大的缺点是整个户型几乎都是承重墙，且餐厅还有一个很不实用的小阳台。

3.该户型无玄关位置。

户型切入点

既然不能改变室内墙体的位置，那么就利用家具、柜体来完善整个户型形态。

优化后户型分析

01 拉齐空间界面关系，利用柜体阻隔的形式完善玄关功能，同时形成进入西厨区的入口。

02 将厨房板块扩展至原来的餐厅部分，增加方形导台以及厨房操作台面，提高厨房配置，将整个区域变成社交餐厨。

03 由于主卧净宽较大，所以做步入式衣帽间，以增加主卧配置。

29 回馈的惊喜

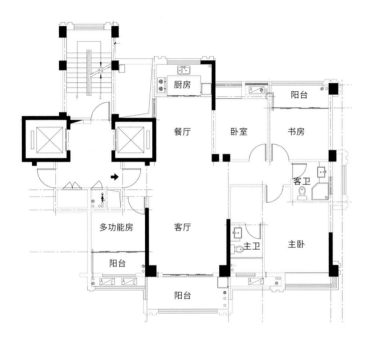

原始户型图

关键词

社交餐厨、视线延伸、可开可合

导读

虽然"寸土必争",但有时放开一点空间,回馈给你的可能是更多惊喜。

原始户型分析

1.业主为三口之家,需要一个临时客房;由于业主的孩子是烘焙爱好者,所以需要一个满足日常需求的操作台。

2.该户型是四面采光的标准三居室,各功能板块几乎已经在原始平面中规划完成,其中多功能房和书房都有附属的阳台。该户型的不足之处是入户门与客卫门相对。

户型切入点

可以把附赠的面积都利用上,扩大室内的面积。

优化后户型分析

01 原餐厅面积只够摆放一张正常的餐桌,将相邻卧室与餐厅合并,利用周围建筑墙体布置储物柜与电器柜,以岛台加餐桌的形式形成开放的社交餐厨,加强整体餐厨的功能配置,满足居住者对日常烘焙的需求。

改造设计图

02 将靠近玄关的墙体与走道拉齐，加大客厅面积，完善客厅空间比例。

03 多功能房兼做临时客房，将阳台纳入室内，增加室内面积，并在内部安装与门洞大小一致的可开可合的装饰移门，让出一小块空间，得到的是玄关空间的纵向延伸和更加灵活开放的空间感。

04 将主卧房门向内压缩，避免入户门与客卫门直接相对。从空间的角度来看，让出的小块空间达到了视线延伸的效果，与多功能房区域相呼应。

通过一些视线上的处理手法，可以增加很多细节上的亮点。

30 取消传统意义上的客厅

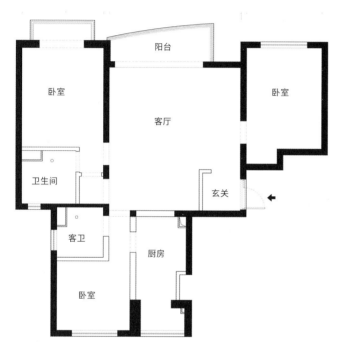

原始户型图

关键词

社交餐厨、功能重叠

导读

遇到大方厅的时候，如何解决客餐厅板块划分的问题？

原始户型分析

1. 业主为夫妻两人，计划几年后会要小孩，父母一年会来住两三个月。厨房可接受开放式，客厅想做不一样的感觉，储物空间要多。主卧需要衣帽间、梳妆台、浴缸（可接受小型的坐缸）。

2. 该户型为三居室的户型，两面采光。整个户型中客餐厅为一个区域空间，其中厨房有一处硬性不规则墙体，并且与客卫门相对，让人感到很不舒服。左下角的卧室略小，其余各个功能板块配比均衡。

户型切入点

先确定大方厅内的功能，再进行板块划分。

优化后户型分析

01 取消独立玄关，鞋柜结合储物柜以装饰的形式靠墙摆放，利用地毯的摆放位置在无形中形成一条过道。

改造设计图

三居室户型

02 将整个方厅区域完全释放，入户视野开阔。客厅区域与餐厅区域竖向对半分，巧妙地将两个区域的部分空间重叠，打造一个更现代、更开放的布局方式。

03 改变厨房入口的位置，在保证正常尺寸的前提下将原来可拆除的墙体拆除，嵌入电器储物柜，厨房可以装门，也可以直接做开放式厨房。

04 左下角的卧室可作书房、客房和未来的儿童房使用。平日里是书房，安装翻板床增加临时客房的功能。未来是儿童房，有书桌、储物柜和单人床，配置齐全。

05 由于主卫和客卫的内部空间有限，所以利用移门和嵌入式台盆来释放可活动的空间面积。

06 利用管道的位置做双面壁龛，不浪费每一寸面积。小空间也要尽可能地增加储物功能，以方便日常使用。

设计师更应该热爱生活，这样才能发现生活中更多意想不到的东西。

31 功能板块的极致收纳

原始户型图

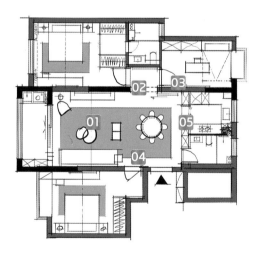

改造设计图

关键词

界面、功能重叠、动静分区、隐私性、附属空间

导读

在一个功能板块几乎都明确的户型中，是填充相应的家具，还是创造新的方式？

原始户型分析

1. 该户型为两面通风采光的三居室户型。

2. 该户型入户是一个兼容客餐厅板块的横厅，无玄关位置，厨房板块比例较小。

户型切入点

增加户型各功能板块的配置，优化户型动线。

优化后户型分析

01 根据原始户型的形态，将户型划分为"夹心饼干"的形式。将平面改造设计图中的上、下板块划分为静区，中间板块划分为动区。

02 利用移门和暗门来整合整个客餐厅区域的空间界面，以营造界面的延展感和完整性，并保持卧室的隐私性。

03 将平面改造设计图中右上角的小空间作为书房使用，同时增加临时客房的功能。通过外面的移门还可以将其变成主卧的附属空间。

04 在本身不大的空间内，利用松散和圆形的家具来增加动线的灵活度与空间的舒适度。

05 在餐、厨、卫板块交界的位置将储物功能集合化，通过增加餐边柜的功能，弱化墙体界线，起到装饰的作用。

设计要从生活的本质出发。

32 尺度与功能的抉择

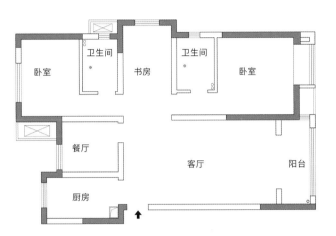

原始户型图

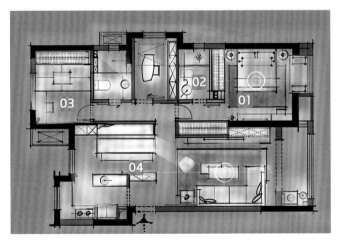

改造设计图（方案一）

关键词

动静分区、环形动线、社交餐厨、可开可合、对景、轻量化、结构穿插

导读

小户型内如何体现大空间？

原始户型分析

1.该户型为三面通风采光的三居室户型，各空间采光充足。

2.该户型板块配比有些问题，餐厅空间较小。

3.该户型的两个卫生间看似都在卧室内，应该如何安排主卫和客卫的位置？

户型切入点

调整各功能板块的位置，合理优化动线。

优化后户型分析

01 利用原始户型的优势，进行动静分区。将平面改造设计图中右侧空间面积稍大一些的卧室作为主卧，以保证客厅电视背景墙的完整性。

02 向管道井与承重墙"借"空间。利用一些固有的厚度来设置功能空间，使小空间轻量化，释放较为灵活的空间。

三居室户型

　　03 榻榻米有着很强的灵活性和很大的收纳量，可以根据户型的大小、形状来进行设计。对小空间而言，它是多功能的、灵活的，且不会浪费每一寸宝贵的面积。

　　04 餐厨部分拆除了原本固定的墙体，植入可开可合的社交餐厨，使小空间的动线更加灵活。利用导台与入户对景的玄关柜营造空间上的结构穿插感。即使在小空间内也要体现富有设计感的形体关系。

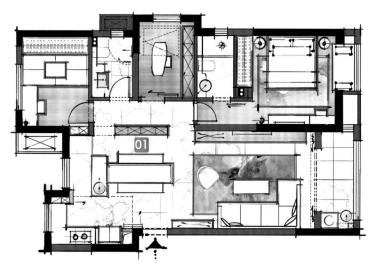

改造设计图（方案二）

优化后户型分析

　　01 对比方案一，方案二的静区部分没有改变，而是重新调整了方案一中客餐厅的布局方式。将入户对景移至餐厅后方，做空间柜体阻隔视线，扩大动线的尺寸，化解了方案一过道较窄的弊端。

　　感悟灵活度在小空间内的重要性。

四居室户型

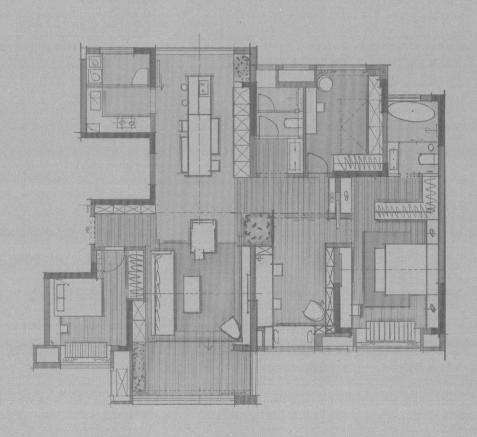

33 生活的仪式感

原始户型图

关键词

环形动线、仪式感、对景、可分可合、社交餐厨、轴线

导读

共享空间如何加以利用？被遗忘在小角落的空间如何重新打开？

原始户型分析

1. 该户型的入户门正对餐厅，餐厅抢了玄关的风头。

2. 客餐厅与家政空间的配套比例失调，使得客餐厅中间部分较为浪费，而右上角阳台面积过大。

3. 从原始户型图中可以看到客厅左侧的卧室和客卫隐藏太深，使得使用体验大打折扣。

4. 主卧缺乏仪式感，衣帽间和卫生间的布局太随意。

5. 该户型四面采光通风。

户型切入点

1. 增大玄关区，将进入客餐厅之前的空间利用起来。

2. 户型上方的大阳台是否可以纳入室内以增加餐厨面积？

改造设计图

优化后户型分析

01 压缩餐厅面积，隔出独立玄关。在入门处增加对景，提高入户的仪式感和趣味性。这样既能让视线横向穿透，又可增加收纳系统比重，还能从视觉上压缩走道距离，形成环形动线。

02 调整客厅轴线位置，将沙发以中岛的形式进行布置，拆除客厅与书房的隔墙，将其变成可分可合的书房，再次形成环形动线，增添家庭趣味感。

03 在改造设计图中，将右上角的阳台向上压缩，其余空间进行拆分、重组，然后与厨房横向结合，形成社交餐厨。

04 用中轴对称的设计手法让主卧变得更有仪式感。衣帽间使用对称的大衣柜，从主卧能看到主卫的大浴缸，主卫里的两个独立台盆可供男女主人同时使用。

生活需要仪式感，生活同样需要趣味感。灵活的空间、舒适的阳光、新鲜的空气，这才是我们应该拥有的生活。

34 客厅与过道之间的微妙关系

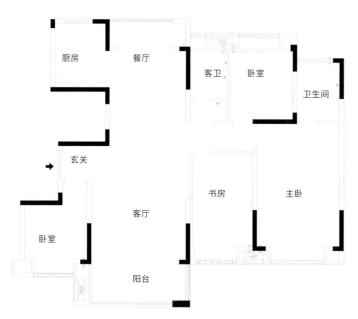

原始户型图

关键词

开放式、社交餐厨、绿植、利用率、采光、界面、功能拆分、功能重组

导读

通常改善户型都有很大的空间，我们应该如何将户型做得更有趣味性？

原始户型分析

1. 该户型为两厅四房的改善户型，其户型方正，各功能配比较好，且阳光充足，南北通透。

2. 从原始户型图中可以看到，该户型左下角卧室的面积较小，较难布置。

户型切入点

需完善该户型中各空间板块的配置，增加户型利用率，提高生活品质。

优化后户型分析

01 墙体错位既保留了卧室衣柜的摆放位置，又能提高沙发背景墙的装饰性。门后方做与床尾平齐的薄柜，在完善界面的同时提高利用率。

02 将阳台纳入室内做地面抬高处理，使用与客厅地面相同的材质，使客厅在视觉上纵向拉伸，显得更宽敞。

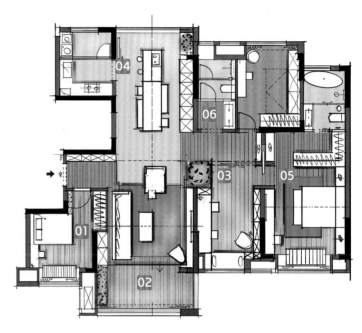

改造设计图

03 在室内植入景观，这样从入门处就能直接观赏到远处的绿植，以提升客厅、餐厅、书房的观赏性，让空间增添更多的自然气息。

04 户型内做中西餐厨。将原厨房面积缩小做中厨爆炒区，用玻璃隔断隔出一半做生活阳台，整合家政空间的同时还不影响厨房的二次采光。做西厨区，在岛台中嵌入大长桌，后置一排电器、储物、餐边柜，剩余的凹位做花池，在无形中完善空间界面，以增添室内生活气息。

05 主卧配置齐全。将卫生间内的浴缸和淋浴合并会比传统的分列两侧更加人性化，省了两头跑的麻烦，也比酒店式的淋浴装在浴缸上方更加安全，不容易滑倒。把飘窗台利用起来，嵌入沙发垫，告别摆放装饰品以及堆积衣服的传统用途。

06 将洗手台盆从客卫里面分离出来做盥洗区，将卫生间功能拆分，浴室和盥洗区可同时使用。将淋浴区墙面加厚做壁龛，延至马桶上方做飘台提高利用率，与盥洗区之间使用玻璃隔断，可增加采光。

 结语

在室内植入景观，既能净化空气，又能陶冶情操。试着在家里放上一盆绿植吧！小小的绿植会带给你每一天的好心情。

35 阳台的取舍

原始户型图

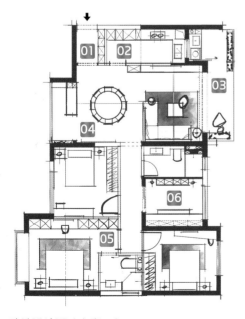

改造设计图（方案一）

关键词

社交餐厨、仪式感、利用率

导读

灵活运用功能的拆分和重组可以得到更多的可能性。

原始户型分析

1.该户型方正，采光充足，三面通风采光。

2.该户型主卫面积较小，厨房比较细长，客餐厨板块的位置、比例不舒适。

户型切入点

什么样的形式能让客餐厨部分功能更加齐全，使用更加合理、舒适。

（方案一）

优化后户型分析

01 入户做整面墙的内嵌玄关柜，增加储物量，强调入户仪式感。

02 厨房一分为二，用移门做阻隔。厨房内部做中厨爆炒区，外部做电器柜及储物柜。

03 观景阳台有足够的优势可以容纳生活阳台的功能。将洗衣柜放置在与厨房衔接的位置，沿原建筑墙体做移门，可形成一个独立的生活阳台，将空间利用最大化。

04 将生活阳台纳入室内做餐厅吧台，做成壁龛可增加装饰功能，还可以很好地掩盖管道位置。圆形的餐桌在这个空间里让动线变得更灵活。

05 将主卧门洞向主卫方向移动，留出一个衣柜的宽度做一整条衣物收纳柜。本身较小的主卫采用移门的形式，还可以做出干湿分区，三角形淋浴区和窄台面加嵌入式台盆的设计，可将活动空间尽可能最大化。

06 相比样板房、大平层及大宅的独立书桌，靠墙式书桌更加适合刚需户型和改善户型，其拥有足够大的工作台，在增加利用率的同时还能容纳下一个好看的活动书架，且软装的增加更能提升家的味道。

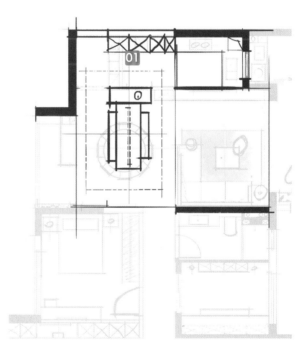

改造设计图（方案二）

局部方案优化

01 保持方案一中厨的尺寸不变，将电器柜与玄关柜结合，直接敞开这块区域的空间，由此可以得到一个西厨区。用小型岛台加餐桌的形式，还可强化回家洗手的观念。

学会将空间利用最大化。

36 子母空间的重要性

原始户型图

关键词

环形动线、中岛沙发、空间绿植、利用率、区域感、仪式感

导读

看似定局的户型，应该从何处入手完善？

原始户型分析

1. 该户型方正，三面通风采光，各空间采光充足。

2. 原户型的布局在玄关与餐厅之间做了踏步抬高，对这样的户型来说，这样做反而会浪费空间且导致各空间之间相互独立，不互通。

3. 该户型餐厨比例失衡，厨房面积较大，餐厅反而显得拥挤。同时，玄关和主卫的浪费面积也比较大，客厅沙发与电视的距离明显不合理。

户型切入点

改善户型应该把空间更好地利用起来，造就有意思的空间感，做出应该有的品质感。

优化后户型分析

01 首先将厨房面积向内压缩，但保留U形操作台的形式。留出足够的餐厅活动区域，并结合下方突出的承重墙做一排电器柜，将承重墙完美地藏在柜体内，另外一边做薄柜，增加储物和餐边柜的功能。将餐桌与厨房门衔接，设计三扇相同尺寸的玻璃移门，打开时移门重叠，形成环形动线，增加餐厨互动；

改造设计图

当移门关闭时，便是一面通透的餐厅背景墙。

02 在客餐厅中间的位置增加多功能装饰台，并植入空间绿植，以产生多种互动的可能性，提高利用率。

03 客厅宽 45 m，将沙发以中岛形式布置，在沙发后面留出一条可供正常通行的走道，产生环形动线，这样做既方便在家活动的人，也不影响看电视的人。在沙发边添加一张书桌，可以在这里看书、习字等，产生更多活动的可能。再铺设一张大地毯，可以加强沙发和书桌的区域感。

04 将相连的两个阳台打通，在靠近客厅的一侧做观景阳台，靠近卧室一侧做生活阳台，用于衣物晾晒。这样入户后视线干净敞亮，同时可增加此卧室的二次动线。

05 平面改造设计图中，在主卧与下方卧室之间做 S 形隔墙，而卧室深柜旁边的小柜子可以做开放式小书架，增加储物比例。

06 在足够宽敞的主卫里做对称的双台盆，供男女主人分别使用，台盆一侧的高柜可增加卫生间储物量，用于存放各种物品以及悬挂进出淋浴间随手拿取的毛巾。

07 取消书房内各种杂乱的小柜子，改做一整面写字台一直延伸至床头的承重墙体做床头板，将床嵌入在内部从而形成一个整体，满足更大的台面利用率，提供更多的装饰品摆放空间。

　　在考虑功能配置是否齐全的同时，不要忘记人性化的设计需求。

37 空间视觉的贯通

原始户型图

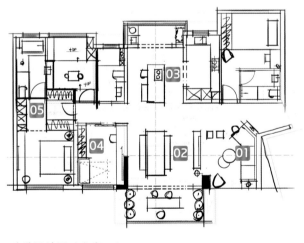

改造设计图（方案一）

关键词

可分可合、空间互通、功能重叠、采光

导读

如何加强空间之间的互动？

原始户型分析

1. 业主想要现代风的装修风格，由于朋友来家聚会多，所以需要一个酷炫的客餐厅。主卧要有强大的衣物收纳空间和浴缸。业主有一个6岁的孩子，父母偶尔会来家居住。

2. 该户型大体方正，大部分空间板块采光充足，各功能板块配比均衡。缺点是入户玄关处没有放置玄关柜的位置，且老人房的卫生间无采光，以及因建筑原因导致该户型有两面斜墙。

户型切入点

首先解决入户玄关的问题。

方案一

优化后户型分析

01 从异型墙体的折角处下拉将客厅该侧的墙体包直，利用异型沙发的斜角解决入户玄关位的问题，不要新建高墙，而要放置活动矮柜让空间更灵活开敞。

02 该户型中，客厅的横向距离十分宽敞，将客餐厅所有配置都放置在这个区域内，中间做固定电视矮柜进行区域划分。这样，当我们坐在沙发上观看电视的时候，就会产生客厅区域感；而当我们站起身活动的时候，又会有不一样的感觉。

03 将原来的餐厅位置设计成小吧台的形式，业主可以在这里和朋友或者家人吃甜品、品酒、做手工，促进情感的交流。同时，小吧台还能与厨房有很好的互动关系。

04 将原本的小卧室变为开放式书房，在承重墙内侧藏一扇移门，同时保留书桌侧边的一面墙体，这样就形成了可分可合的空间形式。平时可以打开移门与餐厅进行互动，当有客人来访时，关上移门、放下翻板床，就把书房变成客卧了。

05 为了满足居住者对浴缸和强大的衣物收纳的要求，在做户型改造时，压缩了相邻卧室的面积，同时做了两级抬高，并增加榻榻米功能将其变成多功能房。面积放大后的主卧，进门的区域兼具衣帽间和前厅的功能，同时将床头掉转方向以增加隐私性。

相比方案一，方案二的布局更加保守一些。

优化后户型分析

01 将客餐厅的位置互换，用一盆绿植弱化入门处的折角。以大圆桌加餐边柜的形式把与朋友聚会变得更有仪式感，并且能将斜面墙体很好地利用起来。取一半客厅阳台纳入室内，剩下一半做生活阳台，这样可以放大客厅的空间感，弥补沙发背景墙较短的不足。

改造设计图（方案二）

02 将西餐厅旁边的阳台也纳入室内，延长餐厅进深，以岛台加餐桌的形式，供一家人日常使用。将厨房做成中西厨的形式，用玻璃移门做隔断，厨房内部为中厨爆炒区，外部则用电器柜加收纳柜的形式，结合岛台上的电磁炉做西厨区。

03 保留主卧原墙体不动，做步入式衣帽间。将主卫进行干湿分区，把圆形浴缸斜放在淋浴间内，沿洗手台盆高度加厚下部墙体或者做飘台延伸至淋浴间内，墙体或飘台上可摆放装饰品和洗漱用品，提高利用率。

04 老人房内做开敞式卫生间，设立独立淋浴间和独立马桶间，将洗手台做成矮墙的形式，放大视觉空间感，给本来没有采光的卫生间补充采光。

　　家是凝聚力量的地方，家人彼此间的关系是最亲密的，本案例将这一分力量与感情融到了设计中。

四居室户型

38 功能在环形动线中串联

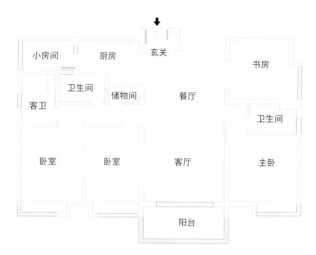

原始户型图

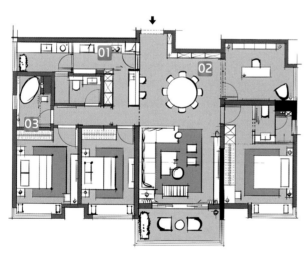

改造设计图（方案一）

关键词

中西厨、可分可合、独立浴室、附属空间、环形动线、利用率、采光、社交餐厨

导读

设计让我们找寻更多未来的生活方式，而不是止步于传统的布局思维。

原始户型分析

1.该户型为三面通风采光的方正户型，其各功能板块划分明确，但对于改善户型来说，厨房布局略显尴尬，从原始户型图来看，户型左边的小房间用途不明。

2.该户型餐厅板块采光偏弱。

户型切入点

整合户型空间板块，使功能利用最大化，同时优化户型动线。

方案一

优化后户型分析

01 将原始布局中的小房间拆除，在原本厨房板块的位置可多分出一个西厨区，使用移门防止西厨区受到中厨油烟的污染，移门可分可合的特点形成了环形动线，使空间更加灵活。在厨房中增加窄台面，以提高厨房的利用率。

02 将玄关柜与餐边柜结合，利用转角的延伸让空间界面更整体。在餐厅与书房之间使用玻璃隔断，这样既能放大空间的视觉感，又能增加餐厅区域的二次采光。

03 提高户型配置。客卫采用"三分离"的形式，增加独立浴室可供一家人共同使用，打破浴缸只属于套间的传统思想。

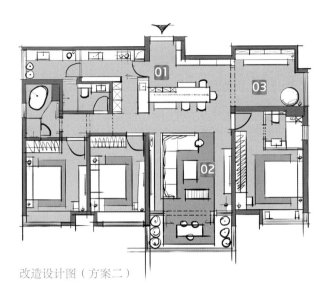

改造设计图（方案二）

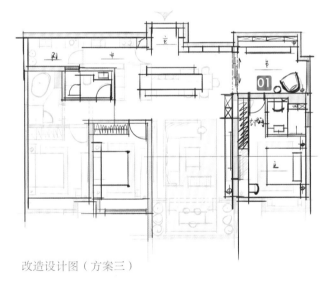

改造设计图（方案三）

方案二

优化后户型分析

01 改变方案一中餐厅的圆桌形式，使用长条桌一直延伸至岛台形成社交餐厨，在动线交会处做储物柜，增加餐厅储物量。

02 在保证沙发与电视距离的前提下，将沙发组合做中岛式的布置，在其后方留一段距离，从感知上增加客厅空间的富余感。沙发与景观阳台的茶台可以用一张地毯进行整合，将客厅与阳台之间的墙体改为玻璃隔断，以加强附属空间的功能属性，使客厅空间也得到更大的延伸。

03 开放式书房可以让空间更灵活、更开阔，同时也可以容纳亲子互动、健身瑜伽等多种功能。

方案三

局部方案优化

01 改变主卧入口位置，将其设置在书房内，使书房变成主卧的附属空间，提高主卧的隐私性和功能配置。

结语

累了一天后回家，可以一个人舒服地待在独立浴室中，不用担心与家人的使用产生冲突，在长条装饰台面放上一盏香薰，尽情享受这属于自己的放松一刻。

39 家具组合对空间形态的影响

原始户型图

关键词

动线、户型配置、空间界面、利用率

导读

拿到户型图后，首先分析原建筑格局的优劣。

原始户型分析

该户型整体上南北通透，两面通风采光，但原始户型图的动线、布局不合适，死角多，所以浪费了不少面积，尤其是一块采光最充足的空间。

户型切入点

利用好每一个原建筑格局的优势，同时增加改善户型的整体配置。

优化后户型分析

01 玄关柜做转角延伸，将卧室房门向外移动与柜体保持平齐，这样增加了卧房内的活动面积，从平面布局来看也让外部界面更整齐。

02 将原始户型图中餐厅旁的家政空间移至采光最充足的位置，使洗衣晾晒更方便。独立的家政空间不仅增加生活阳台的储物量，还提高了厨房台面的利用率，将冰箱放置在厨房内，满足了"拿、洗、切、炒"的做饭流程。

03 移走家政空间后，此处摇身一变成了西厨，酒柜、烤箱、吧台的加入，

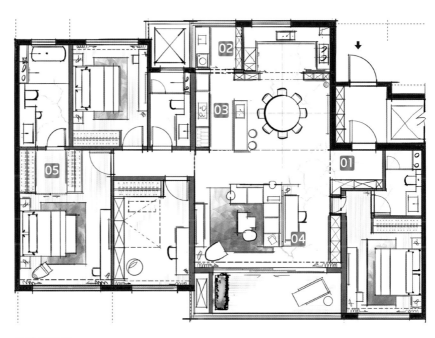

改造设计图

增强了户型的整体餐厨配置，与原始户型图相比，空间感也更加强大。

04 沙发保留中岛的位置，相比原方案的一组小单椅，工作台的设计更加凸显生活品质。

05 将原半独立衣帽间改为步入式衣帽间，使动线更加便捷，且丝毫不影响衣物储存量。主卫采用干湿分离的形式，做独立淋浴间，内部淋浴加浴缸的形式更加贴合生活习惯，且安全系数更高。

在无居住者要求的情况下，四个卧室中有一个设计为多功能房或书房，才更符合整体户型板块配比。

四居室户型

40 空间化整为零

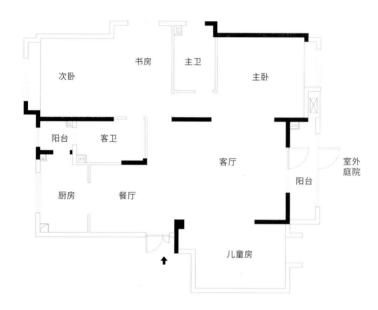

原始户型图

关键词

动静分区、社交餐厨、可分可合

导读

在做户型优化的时候不要忘记户型周围的环境。

原始户型分析

1. 该户型是位于一楼的四室两厅住宅，业主三代同堂。户型优化可拆飘窗台。业主要求尽可能地多设置储物空间，卫生间内不需要浴缸。书房要有画桌（可与电脑桌合为一体）和大气的书柜；餐厅内可考虑设置岛台；厨房设计为开放式厨房；客厅内需要安放一架钢琴（长 1500 mm、宽 600 mm），还希望安放一个大的鱼缸。

2. 该户型方正，采光充足，各功能板块配比均衡，且客厅十分宽大，户型很棒！

户型切入点

原始户型中，书房无法满足业主想要的"画桌和大气的书柜"的需求，在优化户型时可以按照动静分区的方式来重新规划整体平面。

改造设计图

优化后户型分析

01 将原始户型图中的儿童房与书房对调，使户型动静分区。在半开放式书房内设计大长桌以满足业主对画桌、电脑桌，以及书柜的需求。

02 该户型一层住宅有两个出入口，利用玄关柜侧开与电器柜结合，使空间界面完整不零散。转角沙发以中岛的形式进行布置，强调客厅的属性，使空间大气舒适，动线合理灵活。

03 开放式厨房、岛台、餐桌、移门的结合，形成可分可合的大气社交餐厨。将小阳台设为生活阳台，内藏家政空间。

04 该房型中静区部分的三间卧室相邻，方便平日照看老人和孩子。将储物柜沿墙体界面一字排开，整合收纳系统，让储物量变得巨大。

　　伴随着一首首钢琴曲，看着在庭院中玩耍的孩子，忙活着一顿美味的家常菜，静静地感受着生活的惬意。

41 多功能房对空间的改变

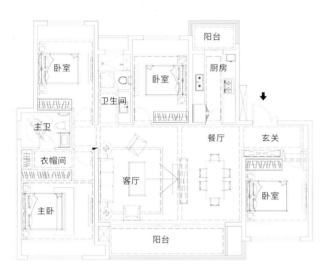

原始户型图

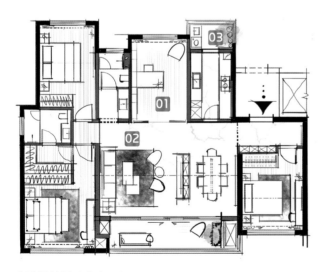

改造设计图（方案一）

关键词

围合感、渗透感、灵活性、开放性、附属空间、可开可合、环形动线

导读

抓住户型的优点，变化多种布局方式。

原始户型分析

1. 该户型为采光充足的改善户型，户型配置不强，面积有所浪费。

2. 该户型走道长，且沙发的摆放位置会影响空间动线。

3. 在双阳台的情况下却没有区分观景阳台与生活阳台。

户型切入点

合理利用各个空间，增强整体配置。

方案一

优化后户型分析

01 将户型中间的卧室改为开放式书房，可与客餐厅产生多种互动。

02 更换沙发的组合形式，以避免阻挡动线，加强客厅的围合感。将客厅与邻近卧室地面做材质区分，强调动区的活动范围。

03 区分观景阳台与生活阳台，将最好的风景留给客餐厅，把家政空间收缩至厨房内套的小阳台上。

优化后户型分析

01 拆除与玄关相邻的卧室，将该空间向左延伸并入客餐厅板块。将玄关柜设计成到顶不到边的形式，结合整面的沙发背景墙，使入户空间产生渗透感，同时增添客厅神秘感。

02 不到顶的电视背景墙与围合形的沙发，加强了客厅的围合感。坐下与站立时不同的视野，给予居住者两种不同的空间体验。

03 将观景阳台纳入室内，增添茶台功能，提高餐厅附属功能配置。

04 可开可合的书房，既开放又独立，看似与客餐厅属于同一空间，但一扇隐蔽的移门又将其归为主卧的附属空间，在加强主卧配置的同时，提高其空间的灵活性。

05 将主卧原有的衣帽间功能拆分、重组，从而使主卫空间向下拓展。在主卫中置入浴缸，加强主卧的整体配置。

优化后户型分析

01 在方案一的基础上保留了四间卧室的配置。利用玄关柜与餐边柜做转角延伸，使空间界面干净整洁。

02 将沙发调转方向与餐桌椅结合，用一张地毯整合零碎家具，在整个空间中以中岛的形式进行布置，形成开阔的环形动线。

03 将主卫墙体向内退，双台盆的设计可供男女主人同时使用。在保证主卫基本的配置下，相比原始方案，主卧得到了一个属性更强的衣帽间。

改造设计图（方案二）

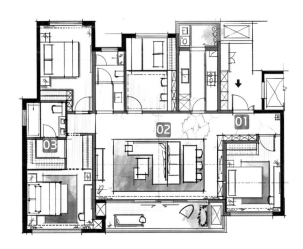
改造设计图（方案三）

三个方案各有利弊，听听原建筑的"声音"，尽可能地拓展出更多的可能性，发现更多的生活方式。

42 阳台的利用

原始户型图

改造设计图（方案一）

关键词

利用率、可分可合、环形动线、视线穿透、社交餐厨、功能重叠、附属空间

导读

一面墙能有多少种呈现形式？

原始户型分析

该户型为采光充足的四居室户型，书房窄小，餐厅配置不够完善。

户型切入点

增加各功能板块的配置，合理规划家具的摆放点，不浪费一平方米的面积。

方案一

优化后户型分析

01 将餐桌与墙体界面拉平，增加餐边柜，提高餐厅板块的配置，形成灵活的环形动线。

02 调转沙发方向，整合收纳系统，提高空间块面感。

03 将观景阳台一分为二，生活阳台藏于卧室内，隔断衔接处使用玻璃增加视线穿透感。

04 拆除书房部分飘窗台（先与建筑商确认是否可以拆除）扩大室内使用面积，书房采用书桌、书柜镶嵌模式，增加利用率，放大活动空间。

原始户型图（方案二）

优化后户型分析

01 可分可合的厨房与增加岛台的餐桌形成社交餐厨，提高餐厨配置，加强餐厨互动。

02 可分可合的书房兼临时客房，与客厅之间使用玻璃隔断，加强视觉渗透感，且提高彼此之间的互通性。

03 将原书房改为儿童房，儿童房的床与衣柜一体化靠边摆放，在剩余的空间内设计写字台并最大限度地保证活动区域。这种布置方法非常适合应用于小空间。

四居室户型

改造设计图（方案三）

优化后户型分析

01 根据现代年轻人的生活方式，此方案进行了一次突破，使设计更具有未来生活的气息。客厅不再是一个户型的主要空间，而将真正被更多利用的功能板块作为户型的主要空间。

02 改变以往入户直面客餐厅的形式，将餐厅功能升级，具有多种互动功能的大长桌成为整个空间的主导，客厅仅作为附属空间。

改造设计图（方案四）

方案四

局部优化后户型分析

01 在方案二基础上将电视柜与书房写字台进行整合，内嵌移门，双面移门可分可合，形成环形动线，使空间纵横交错，既独立又开放。

结语

设计需要与时俱进，源于生活，融于生活。

43　大刀阔斧

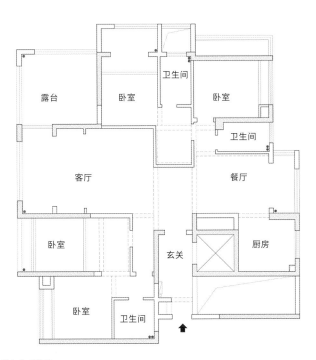

原始户型图

四居室户型

关键词

仪式感、社交餐厨、动静分区、对景、功能重叠

导读

当遇见不规整的原建筑墙体时，应该从何入手改善？

原始户型分析

1. 三面采光的四居室户型，各功能板块比例均衡。

2. 户型上半部分动线较复杂，导致了部分使用面积的浪费。

户型切入点

合理规划户型动线，加强户型配置。

优化后户型分析

01 从门厅部分开始，以出入电梯的对景和入户玄关的对称，强调入户仪式感。

02 将原户型客餐厅之间的墙体拆除，打开空间，增进客餐厅之间的互动关系。

03 增加餐桌长度，结合整面电器柜，打造社交餐厨，利用形体穿插做入户玄关的对景，在视线上营造近远景的交替感，巧妙化解卧室门与入户门相对的不便。

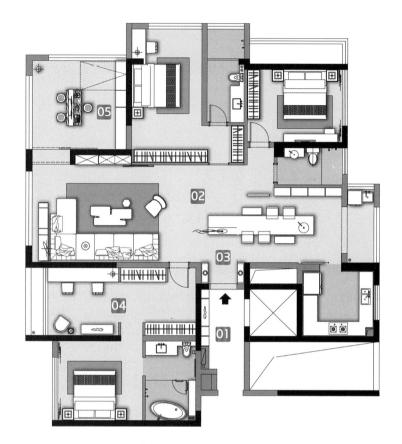

改造设计图

04 将户型下方的两间卧室合二为一形成主卧套房，提高主卧配置。套房内进行动静分区，外置书房、衣帽间，内置睡眠区与卫生间。

05 将赠送的露台纳入室内，利用其两面采光的优势布置茶室，茶室内设置翻板床，增加临时客房的功能属性。

不要受原建筑墙体的影响，根据自己的思维划分出正确的功能板块位置。

44 退一步海阔天空

原始户型图

关键词

社交餐厨、环形动线、人性化、利用率、功能拆分、功能重组、视线

导读

如何改善长方形户型因原始形态带来的空间弊端？

原始户型分析

1. 三代同堂，需要保留书房并满足两个孩子在一间卧室里的起居生活，配备学习桌。

2. 以两面采光为主的长方形四居室户型，餐厅净宽尺寸稍显拥挤。

3. 厨房空间较大，入户门到主卧之间的垂直动线导致部分空间面积浪费。

户型切入点

1. 重新调整各功能板块的位置关系，改善空间面积浪费的问题。

2. 响应二孩政策的开放，解决二孩给刚需户型带来的难题。

改造设计图

优化后户型分析

01 压缩中厨面积，将原始户型上独立的玄关、餐厅、客厅、生活阳台板块打碎重组，增加社交餐厨属性，使整体生活重心向右平移，合理利用浪费的面积，释放整体空间感。

02 在一梯一户的户型里可将鞋柜放置在户外，玄关对景与餐厅之间形成环形动线，从空间上缩短走道的距离；增加入户玄关的仪式感，提高户型内部的隐私性，或使用博古架类的装饰柜增加视线穿透感。

03 客卫合理优化，洗衣机放置到生活阳台，由此得到外置双台盆，提高利用率，两个孩子可以同时使用。

04 儿童房靠边布置家具，得到两个独立学习区的同时还留有足够的玩耍空间。

05 主卧取消衣帽间门，释放套内所有空间；主卫向睡眠区横向延伸，利用睡眠区多余的角落面积，让主卫空间更加舒适宽敞，淋浴加浴缸的组合形式更加人性化，双台盆的设计可提高利用率。

人性化的设计才是最舒适的家。

45　动线与功能

原始户型图

关键词

隐形需求、环形动线、趣味性、利用率、可分可合、区域感、亲子互动区、采光、功能重叠

导读

面对奇特的户型，我们应该从哪个思路出发？

原始户型分析

1. 业主一家四口，有两个 7 岁左右的儿子，需要有储物间 1 个、卫生间 3 个；主卧要 1 8 m 的床，带衣帽间和浴缸；需

要中西厨和岛台；餐厅内做一个圆桌和一个长桌，需要 6~8 人用餐位。

2. 这是一个非常规的、带一点异型的"折角"户型，像是两个户型组合在一起。厨房板块也很奇特，是呈 L 形的细长空间；书房处有一个很小的阳台和部分死角小空间；客卫没有窗户；没有明确的玄关位置。但单从各功能板块来看，户型内部空间还算方正，三面通风采光。

户型切入点

从大空间出发，结合动线、功能和强大的收纳系统来规划各功能板块的位置。思考客户的隐形需求，卧室部分是本户型的难点，需逐一攻破。

改造设计图（方案一）

优化后户型分析

01 通过户型的先天条件进行动静分区，左边为动区，右边为静区，再利用承重墙体的位置关系来细分各功能板块的位置，这样空间界面更加干净、整体。

02 入户玄关不做任何遮挡，可直接望到客厅尽头，释放视线。右侧做深度玄关库，大储存量满足一家人日常出入时各种物品的收纳。

03 利用承重墙的凹位做一整面深度储物柜作为动区的强大核心收纳系统。

04 入户后是一个长方形的空间，L形的中厨实际可利用空间较少，将中厨打开做可分可合的形式，结合岛台增加社交西厨，扩大整个厨房的使用面积，提高利用率。

05 将阳台纳入室内，延伸客厅的空间感，用抬高地面嵌入沙发的形式，增加空间的趣味性。

06 客厅背后有横向连通的客房和书房，抬高整个区域，强调区域感，与客厅之间使用玻璃隔断，增加视线的穿透感和空间的交错感。

07 把静区部分的卫生间功能板块上移，让卫生间得到采光，双台盆可供两个孩子同时使用。

08 确定卧室的位置，从而确定过道，从建筑框架上来看，可以使用排除法。将上面两个面积相差不大的卧室作为儿童房，从而得出主卧的位置应该在右下角，再通过走道增加收纳区的功能。

09 结合整个户型的配置来考虑业主的隐形需求，在主卧与儿童房之间增加亲子互动区，让孩子们有共同成长和学习的空间。儿童房与主卧之间的隔墙可以使用雾化玻璃，一是可以通过玻璃增加主卧的采光，二是可以让家长更方便地督促孩子们的学习。

10 主卧是长方形的空间，做了三扇门，形成各种动线，让居住者的行动轨迹更加灵活多变。

11 在主卫内做一个合并的双台盆设计，卫浴"四件套"满足该户型的功能配置。但是这种布置方式也有缺点，相邻卧室内床头的摆放方向使居住者容易听见马桶冲水的声音。

改造设计图（方案二）

优化后户型分析

01 结合原始建筑框架进行绝对的动静分区设计。中厨保留可开可合的形式，将餐厅、厨房、社交西厨、亲子互动区全部融入这一个长方形的空间内，可进行多种功能的重叠。

02 将客厅功能板块向上移动，将该区域抬高，用地面材质做区分，搭配舒适的沙发形成一个区域感强、包裹性强的慵懒空间，增加功能板块的趣味性。

03 调整了静区局部的功能板块位置，取消了独立书房的功能，增加了独立的卧室。

04 将原先走道上的收纳区结合玄关库做成独立的储藏间，外部的玄关柜可增加装饰功能。

05 主卧板块进行了一个大的调整，扩大了主卫的使用面积，在保证双台盆使用的同时增加了收纳的柜子，调整了床品的摆放方向以及衣帽间的位置。相比方案一，此方案的采光效果更好。

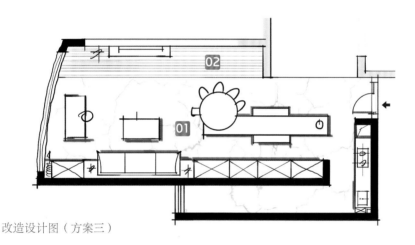

改造设计图（方案三）

局部优化后户型分析

01 结合方案一和方案二，将长方形的西厨桌与圆桌进行结合，调转沙发方向，与柜体形成咬合的关系，矮踏增加空间的休闲氛围。

02 利用地面材质做区分，强调和整合公共区域的功能和空间关系。

不仅要注重居住者提出的需求，而且要留意居住者的隐形需求，作为设计师要思考更多的生活场景及需求。

46　镜像户型打通后如何处理？

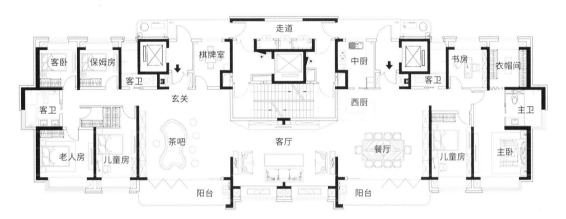

原始户型图

四居室户型

关键词

镜像、大宅手法、对景、趣味、绿植、情绪

导读

空间面积过大或者过小，对设计师都是一种挑战，如何在镜像的空间里既能体现大宅气场又不失生活趣味呢？

原始户型分析

1. 一梯一户的高档住宅，居住者购买下整层后打通，左右两边户型完全镜像。

2. 家中三代同堂，需要减少客房数量，使用套间，考虑业主生活品质的要求，尽量扩大厨房面积。

3. 整个户型呈"一"字长条状，四面采光。原方案设计为九房三厅，其中六间卧室，整体动线单一，配置不高，大厅明显浪费了较多空间面积。

户型切入点

打通镜像户型，整合相连的动区部分。卧室及次空间区域受框架限制，但整个动区部分可融入大宅别墅的处理手法。

优化后户型分析

01 根据户型优势和居住者需求来划分整体区域，越靠近中心越设计为公用空间，越靠近两侧越设计为私密空间。

02 将户型一头一尾分别设置为主卧套房和长辈套房，功能配置大体相同。右侧主卧配备书房，可供男女主人日常办公或给儿童辅导功课使用。左侧长辈房配备保姆间，方便照顾老人日常起居。这样做的好处在于：同一屋檐下，双方都能拥有自己的隐私，都能按照自己的生活作息活动，减少相互影响。

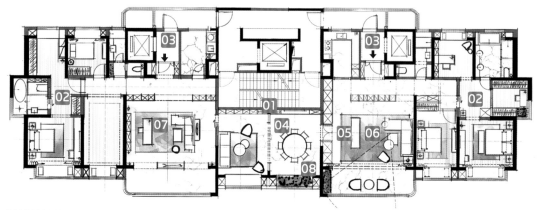

改造设计图

03 根据户型状态分别设置主入户门与次入户门。在主入户门处做入户玄关对景，增加动线灵活度与空间趣味性。次入户门外则是开放式的入户体验，彰显大宅气质。两个玄关虽是相反的布局，但如同户型框架般，同样讲究中轴对称的处理手法。

04 餐厅是家中公用的位置，所以将餐厅板块放置在整个户型的中心，再在足够的空间内融入豪宅设计的处理手法，增加偏厅的功能板块，舒适且大气，在整个区域左右设置平开门与移门，让两侧区域空间看似互通，却又能相互独立。从一侧穿越至另一侧的过程中，空间收收放放的变化引导情绪的转换。

05 根据居住者不同年龄段的生活方式及所需功能，厨房还是设计在右侧区域，并在原有基础上延伸储物柜，增加西厨板块来提高配置及扩大厨房的区域面积，使其与客厅之间纵横交错。

06 取消客厅内的电视，突显户外景观与会客的功能，沙发与西厨的早餐台相邻摆放，体现户型的独一无二，这样的布局方式能促进人与人之间的互动。

07 左侧区域迎合长辈的生活方式设计家庭厅，同样作为起居室。增加开放式书房和健身区，提高生活乐趣与品质。

08 在采光充足的地方适当增加一些绿植，提升空间的生机。

 结语 ✎

了解居住者的生活习惯，在有条件的情况下，根据空间区域的使用者来规划次空间的功能。

47 空间独立且渗透

原始户型图

四居室户型

关键词

环形动线、空间界面、视线

导读

如何在看似已成定局的空间框架内重新找寻突破口？

原始户型分析

1. 三代同堂需要更多的储物空间，预留一间客房。女儿房和主卧都要衣帽间，主卫需要浴缸，希望餐厅有更新颖的布局方式。

2. 整个户型四面均有采光，并且各空间采光充足，各功能板块比例相对均衡。

3. 原方案空间面积浪费较大，少了家庭趣味感。

户型切入点

提高整体户型配置，完善各空间功能且增加户型储物量。

优化后户型分析

01 入户屏风对景与墙体之间添加装饰柜，增加视线穿透感，既营造了入户玄关的仪式感，又使入户空间通透、不闭塞。

02 客厅保留中岛布置的处理手法，更换更具休闲感的沙发组合，后置整排储物柜，与玄关柜做空间界面上的平齐关系。

03 餐厅区域空间呈长方形，顺应空间使用"岛台＋长桌＋圆桌"的新型组合方式，满足居住者对新颖布局的需求，同时增加多种社交可能，避免餐厅功能单一的局限性。

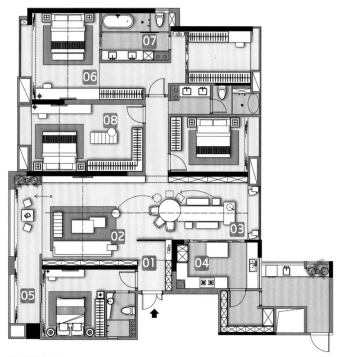

改造设计图

04 厨房采用三联动移门,在宽敞的厨房中间设计岛台,提高厨房台面利用率和台下储物量,同时也增加与餐厅之间的互动。

05 将休闲阳台纳入室内并做抬高处理,一直延伸至长辈房,延展客厅的横向空间,将原本较窄的客厅空间释放出来。同时长辈房增加双向动线,不与玄关处动线重叠,与客厅之间形成环形动线,避免长辈产生住在门口的感觉。

06 重新调整主卧布局方式,结合右侧小房间形成主卧套间,满足业主对衣帽间的需求。

07 改造主卫空间,将户型右上角原本独立的卧室改造成半开放的衣帽间,动线灵活。主卫双台盆的设计提高使用舒适感,淋浴间与马桶间使用同一块玻璃移门,既满足使用功能,又节省空间。

08 将原方案的多功能房改为女儿房,利用较大的横向空间满足女孩子对衣帽间的向往,转角衣柜的布局方式不占用额外的空间,满足衣帽间储物量的同时,还能保证原有的大空间感,增加活动中岛沙发,提高衣帽间使用率。

框架是固定的,但框架内的一切都掌握在设计师手中。

48 借空间

原始户型图

关键词

视线、穿插、采光、趣味性

导读

空间就像邻里关系，若规划得好，也能相互借用。

原始户型分析

1. 三代同堂，需要保留 4 个房间和主卫，女主人需要梳妆台，男主人需要书桌。

2. 户型四面通风采光，入户有一个很大的玄关区。各功能板块位置基本明确，但比例不均衡，有些空间稍显拥挤。

户型切入点

满足居住者的需求，完善各功能板块的配置。

 方案一

优化后户型分析

01 入户玄关空间较大，可增加储物量。玄关左侧采光充足，可增加书房的功能板块，满足男主人的需求。

02 重新调整内部区域，把户型右侧的阳台纳入卧室，扩大卧室面积。该设

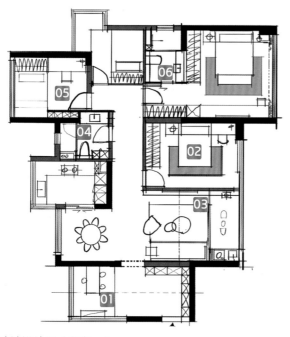

改造设计图（方案一）

改造设计图（方案二）

计的缺点是让客厅显得拥挤了些。

03 将电视背景墙的装饰造型延伸至阳台，从视觉上拉伸客厅的净宽。缺点是阳台晾晒的衣服使得会客空间不美观。

04 改变客卫的入门方向，利用卧室内柜体的厚度增加客卫的使用面积。

05 利用家具的组合方式可以巧妙地使用空间面积，保证完善的配置，对小空间非常友好。

06 在小尺寸的主卫内，移门、半嵌入式台盆以及错位摆放都是节省空间的好方法。

方案二

局部优化后户型分析

01 与方案一相反，纳入客厅部分的阳台加大了整个客厅的空间面积。

02 保留卧室区域的阳台作为生活阳台，玻璃移门的设计可以增加卧室内的自然采光。

03 家具摆法体现空间与软装的融合穿插，这张桌子像是穿过这堵墙来到了另一个空间，增加了趣味性。

结语

平面空间需要整合，向上争取，向下发展。

49 空间与情感

关键词

空间串联、可分可合、界线、折叠移门

导读

空间的打开将促进家人之间更多的情感交流。

原始户型分析

1. 两面通风的四居室户型，各空间采光充足，各功能板块比例均衡。

2. 户型走道看起来太狭长，各个空间相对独立，没有互通关系。

户型切入点

通过一些功能将空间的界线打开。

优化后户型分析

01 将入户左侧的储藏室空间打开，做开放式多功能房与客厅进行串联，将两个空间的活动区域打开合并，客厅不光可以会客、看电视，也可以通过空间的串联拓展出更多的附属功能，例如与多功能房之间的互动。

02 取消阳台内传统的固定玻璃推拉门，采用折叠门，可以让通往室外的空间变得更大，使得室内外无界限，争取最大化的互动。

03 可分可合的书房，同样采用折叠移门的开关方式，开放式的空间不光可以促进情感，提高互动性，也能弱化走道的狭长感。

原始户型图

改造设计图

 结语

户型内的独立空间就像人与人之间的交往，打破一些界线，能得到更多的可能性。

四居室户型

50 常见户型如何破局?

原始户型图

改造设计图（方案一）

关键词

视线、半开放式、围合、趣味性、功能重叠、可分可合

导读

样板房户型优化应该从哪些角度入手?

原始户型分析

1. 此户型为样板房的精装交付，此方案与建筑施工同时进行，所以可进行部分结构的调整，作为配合开发商进行的户型优化。

2. 两面通风采光的四居室户型，入户直对着餐厅，无玄关位置，餐桌摆法影响户型动线，客厅使用面积紧张。

3. 每间卧室的飘窗台占据了不少真正使用的空间，受建筑外观影响，客卫的使用体验也不佳。

户型切入点

从配合开发商户型优化的角度出发：首先，要在整个框架内找出户型的使用缺陷进行调整；其次，建议将飘窗台设计成可拆除的形式。

优化后户型分析

01 拆除走道固定隔墙，餐桌结合餐边柜以中岛形式布置，利用功能做灵活的空间阻隔，弱化走道概念。餐边柜与墙体之间留出空隙，增加视线延展性和空间的张力。

02 将客卫上方的书房改为儿童房，从建筑框架上调整客卫的空间，从而增加了儿童房的进深尺度，一举两得。

03 将景观阳台纳入室内，将其地面抬高与沙发组合相结合，增加客厅的进深感。

04 将书房板块移至客厅右侧，做半开放式多功能房，与景观阳台统一抬高地面，在材质上进行区分，加强客厅的区域感，打造空间的趣味性。

优化后户型分析

01 将生活阳台纳入厨房，拆除多余的墙体，可以得到一个可分可合的简易中西厨，关闭内侧移门就是中厨爆炒区，外侧是西厨操作台与电器收纳柜。

02 餐厅使用圆桌可让空间动线更灵活。

03 将一部分景观阳台作为生活阳台来使用，利用花池做装饰隔挡。

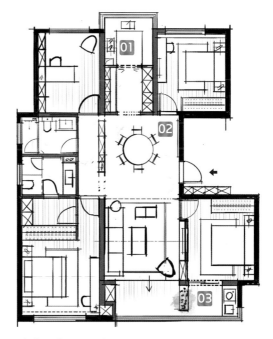

改造设计图（方案二）

处理阳台与室内的连接。

四居室户型

51 围合与尺度

原始户型图

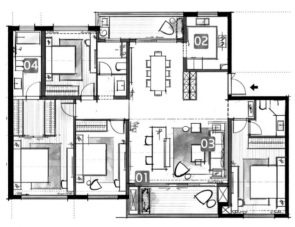

改造设计图

关键词

仪式感、利用率、拆分重组

导读

在布局相对完整的情况下应该如何优化？

原始户型分析

1. 两面通风采光的四居室户型，各空间采光充足，各功能配比完好。

2. 原方案走道"一望无际"，主卧入门以后仍是直走道，不舒适。

户型切入点

在原始布局的基础上做一些细节优化和配置上的提升。

优化后户型分析

01 拆除各空间的飘窗台，提高使用面积（需要与建筑商确认能否拆除）。

02 将冰箱放置于厨房内更加符合生活习惯。可在原冰箱位置设置餐边柜，提高储物量。同时，可以得到一个更宽敞的入户玄关，增强仪式感。

03 调转沙发方向，将书桌与电视柜结合，此处可以单独作为客厅或书房来使用，也可以作为围合感较强的会客区来使用，利用家具的摆法实现功能的拆分与重组。

04 主卫在拆除飘窗台后得到一个淋浴间的宽度，采用淋浴和浴缸分开的形式来设计，避免安全隐患。

 结语

生活处处是细节。

52 逆境重生

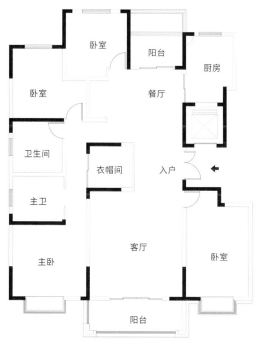

原始户型图

四居室户型

关键词

环形动线、穿插、视线穿透、界面、趣味性、功能拆分

导读

如何利用固定板块增加空间趣味功能，让中心变成真正的中心？

原始户型分析

1. 三面通风采光的四居室户型，入户处无玄关位置，户型中心的主卧衣帽间占据一个较好的位置，但实用性不强。

2. 由于墙体的原因，该户型上半部分的两间卧室出现阳角，降低了舒适感，也影响了餐厅的使用面积。

3. 进出主卧的动线相对复杂，体验感不好。

户型切入点

提高户型中心位置的利用率，重新规划各功能板块的使用面积并调整动线。

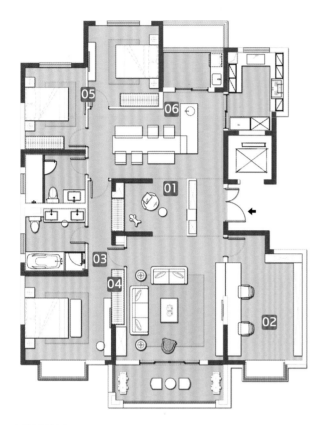

改造设计图

优化后户型分析

01 结合承重墙，利用装饰柜进行隔断，将户型中心原本的主卧衣帽间打造为家庭活动区，提升户型功能及趣味性，加强动区板块之间的串联。

02 根据使用功能及对各功能动线的分析，把所有卧室都规划在左边。将客厅右侧的卧室用作书房，采用书桌结合电视柜的形式，并融入玻璃隔断增加视线穿透。

03 由于主卧动线的关系，在与客厅相连的位置增加一个出入口，使从主卧出入各板块的动线更灵活。

04 由于主卧过道净宽有限，客厅净宽富余，故将卧室整面墙体向客厅移一个衣柜的距离，满足衣帽间的使用功能，与家庭活动室的柜子平齐，打造精致的空间界面关系。

05 拆除多余的墙体，重新规划餐厅与相邻两间卧室的空间关系。拆除不实用的隔墙，释放餐厅使用面积，一举两得。

06 采用餐桌与岛台结合的形式，贴合墙体阳角布置造型，弱化阳角带来的突兀感，提高舒适度。

 结 语 ✏️

实力演绎"缺点变亮点"的思想。

复式住宅和联排别墅

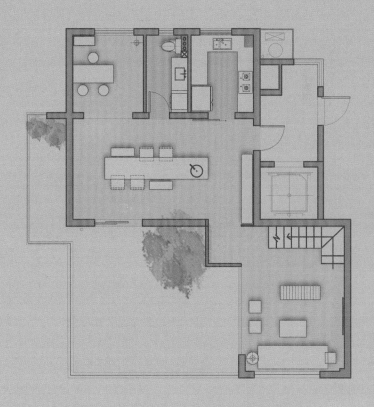

53 楼梯一换位置，空间利用率最大化

一层原始户型图

二层原始户型图

关键词

界面、围合感、上下分区、干湿分区、空间互通

导读

楼梯位置十分重要，影响后续功能板块的位置。

原始户型分析

1. 四口之家，两个孩子。希望所有的卧室都布局在一层，需要一间茶室和放置长25m鱼缸的空间。

2. 该户型三面采光，且通风效果很好。一层两个卫生间面积较小，其余板块比例均衡；二层露台面积较大。

3. 该户型位于小区楼房的最上面，两个楼层都可由电梯到达。

户型切入点

1. 设置亲子互动区，把控卧室的空间以及楼梯的位置，从功能性出发，保证儿童成长的空间。

2. 从业主的需求出发，结合户型的实际情况及入户动线，将一层规划为用于睡眠的静区，二层规划为用于家庭活动和接待亲友的动区。

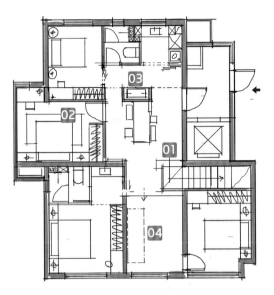

一层平面布置图（方案一）

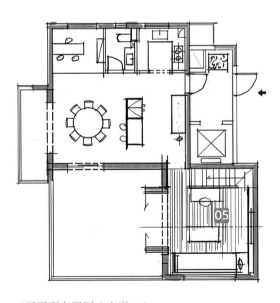

二层平面布置图（方案一）

优化后户型分析

01 改变楼梯的位置，释放出餐厅的空间，直跑楼梯的设计较为节省空间。

02 睡眠区板块进行重新划分，同样将阳台纳入卧室，保证两个孩子都有独立的学习区。

03 卫生间进行干湿分离设计，餐桌以中岛的形式布置，利用形体穿插关系形成入户玄关。台盆也不再只是卫生间的功能配置，同时契合勤洗手的健康观念。

04 打破传统的客厅空间布局，采用"盒子"的概念强调客厅围合感，同时在功能上可以灵活地满足业主对当下以及对未来的生活场景的需求。

05 对二层客厅的沙发布置进行调整，采用对坐交流的形式，客厅左侧采用折叠门，与露台形成互通和空间延伸。

复式住宅和联排别墅

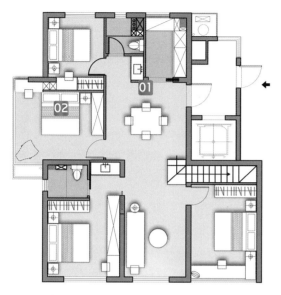

一层平面布置图（方案二）

二层平面布置图（方案二）

方案二

优化后户型分析

01 根据更精准的尺寸，微调各板块面积与卧室入门的位置。原厨房变为一层的储藏间，加大一层收纳量。将洗衣机摆放到二层，在露台晾晒更加合理，同时使得学习区更宽敞。

02 在方案一基础上，在两个儿童房之间巧妙利用墙体错位关系给每个书桌位设计一个壁龛。还可以选择在壁龛内部花一些小心思，例如设置活动背板，将其开启后可以促进两个孩子在房间内部的沟通与交流。

03 重新调整二层功能板块面积，增加厨卫空间的内部使用面积。

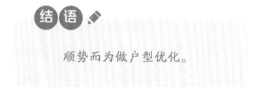

结语

顺势而为做户型优化。

54 释放楼梯，秒变亮点

一层原始户型图

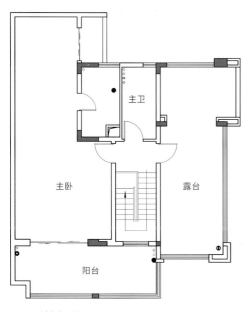

二层原始户型图

关键词

视线、绿植、品质、价值

导读

解读空间贯穿的重要性。

原始户型分析

1. 两面通风采光的顶层复式户型，各功能板块面积相对均衡。

2. 一层入户有玄关厅，餐厅板块夹杂着两条固定动线，使用起来不太方便，通往二层的楼梯形态拘束，使用体验不佳。

3. 二层大套间，拥有双向阳台和大露台。

户型切入点

提高各空间配置，改变楼梯的形态，创造更多空间价值。

复式住宅和联排别墅

一层平面布置图

二层平面布置图

优化后户型分析

01 拆除玄关厅与餐厅隔断，使纵向视线贯通，整合双向动线，放大空间感。餐桌结合花池的设计提升用餐体验，同样可以作为入户时具有亲和力的对景，绿植的融入会增加室内生机。

02 改变原有楼梯形态，采用开放的形式增加横向视线的贯通，植入绿植，结合不一样的造型打造景观楼梯，形成视觉中心点，同时具有展示价值，提高户型品质。

03 合并二层的主卫与其左侧的小房间，提升主卫使用面积及内部配置，从传统卫生间的布局演变成豪华四件套。改变主卫入门位置，整合楼梯背景墙，提高主卫的完整性。

04 主卧配备衣帽间和书房，睡眠区净宽尺寸较大，再利用沙发和单椅等软装来提高主卧的整体配置，舒适大气。

05 保留大面积的露台，放置沙发组合或户外餐桌椅来营造场景化体验，在这里可以进行多种活动，丰富生活情趣。

让每个功能板块都能发挥出相应的价值，优化配置、提高品质才是户型设计的中心思想。

55 形断意不断

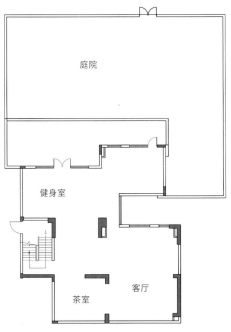

负一层原始户型图

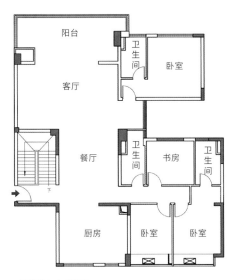

一层原始户型图

关键词

环形动线、可分可合、景观、采光、绿植、纵向空间、情绪

导读

遇见反方向的复式住宅应该如何考虑布局？

原始户型分析

一套非常规复式住宅，共有两层（负一层与一层）。一层入户，三面通风采光，为四居室空间。负一层以单面采光为主，没有明确的功能划分，配备大面积庭院。

户型切入点

根据户型的采光、空间、环境、动线等实际情况来考虑两层的布局方式。

负一层平面布置图

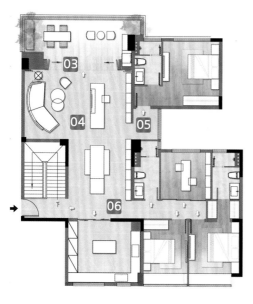

一层平面布置图

优化后户型分析

01 按照别墅的纵向空间处理手法，结合大面积的庭院，根据居住者的喜好，把负一层定义为活动层，主要以休闲娱乐为主。

02 同原始户型图一样，尽量不增加多余的隔墙，做到空间大面积的开放，才能营造室内外空间在情绪上的统一。从室内到露台再到庭院，打造从室内走向室外的递进关系。

03 一层按照正常的四居室户型来布置，客厅与阳台之间采用折叠移门，其主要作用是让人在室内也能看到室外景观，达到室内外互通的效果。

04 客厅的净宽较大，采用的是弧形沙发，摆放的角度与户外的景观呈围合状态，并融入开放式书房的功能。一是改变传统客厅的形态，促进新的互动，增添生活趣味；二是在足够的空间中增加户型配置。

05 将装饰柜向下延伸，解决了客厅背景墙不完整的缺陷，也通过墙体的位置关系提高了右上角卧室的隐私性。

06 中西厨合并，原本的餐厅功能板块上移，使其与书房在同一轴线上，贴合户型放大厨房的使用空间。

所有一层以上的户型，都要考虑到纵向空间关系。

独 栋 别 墅

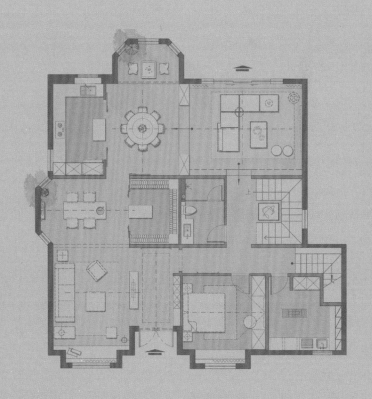

56 顺势而为，成就独一无二的大宅

一层原始户型图

二层原始户型图

关键词

纵向空间、空间互通、视线、绿植、社交餐厨、情感、功能重叠

导读

别墅户型中楼梯的位置有多重要？楼梯的移动能关联到多少空间板块的变动？

原始户型分析

1. 该户型为四面通风、采光充足的三层别墅户型（此方案只展示上两层），室内有个别异型空间。

2. 楼梯在整个户型的中心点，洗衣房占据较大的面积，楼梯下的客卫稍显狭长。

3. 一层卧室上方有个突兀且狭长的储物间，不实用。

4. 二层公共区域有死角且无起居室，主卧配置不足。

户型切入点

重新规划各功能板块，活用死角。

一层平面布置图（方案一）

二层平面布置图（方案一）

优化后户型分析

01 拆除玄关左侧墙体，利用矮柜做活动隔挡，开阔入户视野，使动线更加灵活，体现别墅气质。

02 将厨房一分为二做可分可合的中西厨，在客厅与餐厅之间增加社交餐厨板块，使功能更加细分，增加家庭及亲友之间的互动。客厅与社交餐厨之间用柜子做空间阻隔，柜子两边都不抵墙，增加视线渗透感，尤其是站在入门处，就可以看见若隐若现的楼梯。

03 利用异型空间做洗衣房，相比原始户型图中的位置，晾晒动线更便捷。

04 从楼梯上到二层，在空间局限的情况下可以利用休闲区来代替起居室的功能，将死角墙体拉回来，使空间布局合理化。

05 在不减少收纳量的基础上改变卧室衣帽间的形式，增加卧室净宽及活动区域，可以在卧室内摆上一把长条椅、一张瑜伽垫。

06 玄关上方楼板加出来做主卧的衣帽间，将主卫一分为二，增加汗蒸区，提高主卧整体配置。

07 设计单独的学习区，促进家庭的学习氛围。

独栋别墅

一层平面布置图（方案二）

优化后户型分析

01 将楼梯移动至户型的最右侧，考虑别墅的纵向空间关系，把中心位置留给卫生间和酒窖。

02 合并中西厨，释放厨房活动空间。

03 不需要保姆房的方案，可以将洗衣房放在右下角。

04 由于一层原本的楼梯位置变成了酒窖，挑空面积减少，二层便有了起居室的空间，将学习区放在起居室内，促进家庭成员的更多互动。

二层平面布置图（方案二）

一层平面布置图（方案三）

二层平面布置图（方案三）

优化后户型分析

01 将楼梯移动至户型的最左侧，顺应空间设计楼梯形态。

02 调换社交餐厨与餐厅的位置，得到一整个开阔的社交区，促进与客厅之间的互动关系。

03 上至二层，顺应空间中岛布置长条形沙发、零散的几个坐墩与圆几，增添居家、休闲的氛围。

04 将原本的学习区改为书房，并增加翻板床使之拥有临时客房的功能，加强整体户型的功能配置。

根据所需功能进行板块划分的反推，也是个不错的开局方式。

独栋别墅

57 纵向空间与功能的平衡

负一层原始户型图

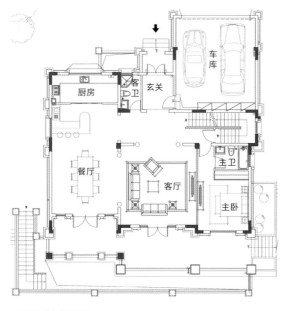

一层原始户型图

关键词

纵向空间、环形动线、形体穿插、空间串联、区域感、视线、采光、情绪、景观、趣味性、隐私性

导读

大宅不光要具有奢华气质，更应该体现生活的情绪。

原始户型分析

1. 独栋别墅，地下一层，地上两层，四面通风采光。

2. 车库位于一层，别墅外围有一圈庭院，三面为地上庭院，余下的一面为负一层地下庭院。

3. 负一层两个卫生间的设计稍显拥挤，一层、二层各功能板块比例均衡，但是缺少一些大宅的气息。二层的卧室都是套间的形式，且都配备露台。

4. 别墅为弧形顶，相对普通平顶来说，层高更高，也更有利用价值。

户型切入点

1. 从纵向空间的角度出发，根据空间、采光等因素来分配各层的功能性质。

2. 针对二层的层高，增加对内阁楼来丰富独栋别墅的整体功能。

二层原始户型图

改造后剖面图

优化后户型分析

01 将原始建筑框架的三层空间增加为四层可用空间,通过剖面图可以清楚看到,负一层以多功能空间为主,一层以客餐厅为主,二层是花园套房,三层是家庭活动空间。

02 负一层整体空间以单面采光为主,利用完全不透光的空间增加影音室和藏酒柜一类避免阳光照射的功能板块,丰富别墅功能属性。

03 负一层外部空间以敞开式为主,多种功能汇集成休闲娱乐区,利用中轴旋转门扇最大限度加强室内外的互通关系。

04 将茶台延伸,穿过窗直至庭院处与景观相结合,促使产生与当下情景相应

负一层平面布置图(方案一)

的情绪,再次体现室内外结合所产生的人与自然的亲密关系。

05 利用通透的玻璃隔断减轻墙体带来的封闭感,增加楼梯间的二次采光。

独栋别墅

06 根据功能布置取消一层客卫内的淋浴间，只做独立马桶间与开放式盥洗区，使入户后洗手消毒更加便捷，利用设计改善生活习惯。

07 客厅板块位于一层的中心位置，与周围其他空间板块之间利用柜体、电视背景墙、格栅进行阻隔，既在无形中强调客厅的围合感与区域感，又与其他空间板块互通，形成灵活动线。

08 在不改动楼梯位置的基础上增加电梯功能，提高别墅配置，让生活更便利。

09 取消原始户型中一层卧室的功能，增加开放式书房，将一层空间完全打开，使采光最大化，与负一层同样追求室内外互通的设计手法。

10 调整原始户型中西厨的布局方式，利用现代岛台衔接餐桌的形式打破独立的格局，增加各功能板块互动的可能性。

11 重新调整二层的动线，取消原始户型中的弧形挑空，与一层布局呼应，利用地面局部延伸打破方正格局，增加视线点、空间体块感与趣味性。

12 保留二层三个套间的布局方式，从细节上调整优化使用方式，提高功能配置。

13 三层是一个开放式空间，作为家庭活动区非常具有私密性。此处也可以承担起居室的功能，增加了具有个人空间感的冥想区。如果有客人到访，其他家庭成员也可以在阁楼内安排自己的事情。

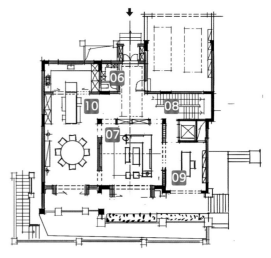

一层平面布置图（方案一）

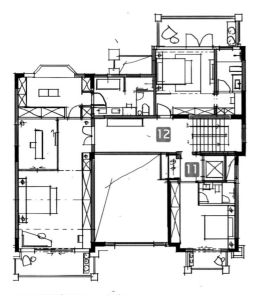

二层平面布置图（方案一）

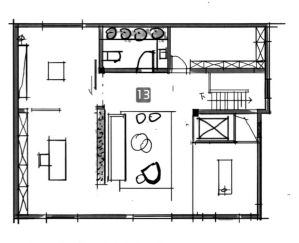

三层平面布置图（方案一）

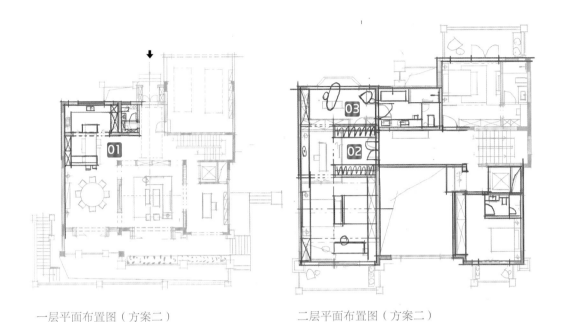

一层平面布置图（方案二）　　　二层平面布置图（方案二）

优化后户型分析

01 取消方案一中一层的西餐桌，此处改为吧台的形式，相对更加灵活，增加趣味性。

02 重新调整二层主卧功能板块的位置，入门有衣帽间，两侧衣柜加对景的布局强调大宅主卧的气场与仪式感，对调床位可以增加隐私性。

03 书房内藏，利用家具的形态和摆放位置来提升居家的休闲氛围。

别墅空间越往上越私密，越往下越公开，要抓住别墅的纵向空间关系。

独栋别墅

58 仪式感的重要性

负一层原始户型图

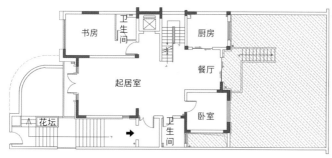

一层原始户型图

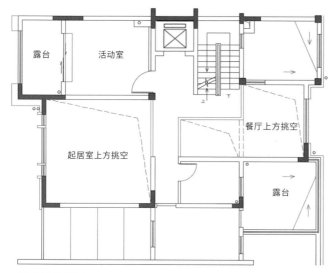

二层原始户型图

关键词

中岛布置、轴线关系、可分可合、视线延伸、纵向空间、环形动线、对称、穿透、对景、景观、空间串联、仪式感

导读

如何体现大宅品质？如何体现独一无二？如何把控大宅内各空间板块的关系？

原始户型分析

1. 四层联排别墅，由于别墅所在的地势较为特殊，入户大门位于负一层，入户后有一个小庭院，可以通过楼梯上至一层。别墅后方有一个大花园，四层楼均为两面采光。

2. 除花园外，整个户型内部空间方正，电梯设备与楼梯一同位于侧边，整个建筑的纵向形态是T形。

3. 一层入户后直对电梯及楼梯，中间有一大块区域比较浪费，餐厅位置略显尴尬，两个卧室稍微拉低了别墅的配置。

4. 挑空和露台占据二层较多的面积，三层也有不少由二层延伸出来的可以加以利用的面积。

户型切入点

提高别墅整体配置，优化户型动线，利用好挑空区与露台的面积，从居住者的生活出发。

优化后户型分析

01 负一层做入户庭院，室内相邻的区域做健身区，各区域之间采用折叠门的形式连接，室内外互通最好的效果是与自然融为一体，让光线最大限度地照进室内，现代又温馨。

02 在车库内利用包管做内嵌储物柜，提高此板块的收纳配置。采用柜体与玻璃隔断相结合的方式来达到与健身房之间的空间互动以及视线穿透的目的。

03 增加恒温酒窖、影音室、棋牌室和水吧区板块，卫生间双开门内部增加桑拿室和温泉池，提高负一层作为娱乐区的整体功能配置及趣味性。将水吧区的水吧柜作为与卫生间大门之间的隔断，增加动线的灵活度。棋牌室与影音室的玻璃隔断也能让光线最大化地进入室内。

04 改变一层入户外原有楼梯形态，利用格栅和花池营造一种曲径通幽的感觉，增加入户仪式感及神秘感，加大原有休息平台的面积，利用灯饰在户外营造出家的味道。

三层原始户型图

负一层平面布置图

05 保留原建筑敞开式的玄关区域，强大的收纳功能满足别墅的需求，通过台阶、平台、门厅进入室内，这样的入户仪式具有独特的别墅气质。

06 重新调整一层的餐厅位置以及各板块的功能属性。将餐厅设置在入户区域，餐桌以圆桌的形式布置，横向轴线延伸至客厅沙发，沙发组合的纵向轴线延伸至书房内，书桌以中岛的形式布置并用层层对称手法，每个板块都追求方正的空间，强调着别墅的气场。

独栋别墅

07 利用具有视线穿透感的不规则格栅,将其作为对景设计在电梯厅区域,既是电梯厅对景,也是入户对景,双向对景解决了门对门的问题。

08 与餐厅相邻的客卫进门做对景,利用片墙产生视线延伸感,把污垢区内藏,不管开门还是关门都不会直接看见卫生洁具,从居住者的生活出发进行思考。

09 右侧区域在原始户型基础上增加西餐厅和茶室的功能属性。西餐厅餐桌以中岛的形式布置,轴线上至中厨导台,下至茶室茶台,与餐厅之间使用通透的柜体象征性阻隔,一是解决空间轴线不对称的问题,二是增加室内的采光,三是提高视线穿透性。从柜体两侧的洞口以及通往后花园大门与玻璃墙的造型得知:设计者一直在原始户型不对称的空间内找寻对称的存在。

一层平面布置图(方案一)

10 一层方案二的变动在于设置独立的中西厨,中间的部分作为通往后花园的门厅,强调别墅入户的仪式感。装饰柜与花池同样追求中岛布置,让每一个空间都能保证动线的灵活度。

一层平面布置图(方案二)

11 一层方案三保留了一层右下角的卧室,开放式的书房也增加了客房的功能属性,但相应的空间就少了些趣味性,也会相对降低一些功能配置,这就要看业主如何取舍了。

一层局部平面布置图(方案三)

12 二层方案一做的是无挑空区方案，充分地利用套内使用面积，将赠送的露台全部纳入室内，重新划分二层的各功能板块位置，由此不仅得到三个独立的卧室，还能拥有一个空间较大的起居室和开放式书房，满足别墅配置。

13 洗衣房设置在二层，方便满足日常换洗、晾晒的需求，不破坏庭院及花园的美景。

二层平面布置图（方案一）

14 二层方案二保留了客厅上方的挑空区，所谓的"无挑空不别墅"是别墅拥有的独特气质。从起居室延伸出来的体块区域与挑空的客厅产生空间上的互动关系。缺点是需要牺牲一个卧室的位置。

二层平面布置图（方案二）

独栋别墅

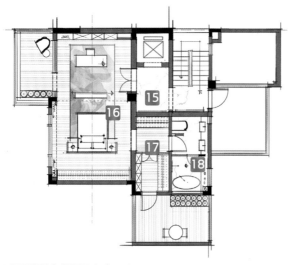

三层平面布置图（方案一）

三层平面布置图（方案二）

15 三层方案——整层作为主卧的范围，尽可能地扩展区域以增加主卧的套内使用面积，双开门营造主卧的大气和仪式感，套内通过增加书房、独立的男女衣帽间，以及阳光房来营造别墅顶层卧室的豪华。

16 卧室门侧开，与书房打通，双人床以中岛的形式布置，一条轴线贯穿电视墙及书桌，让空间串联起来，两侧移门可分可合，成中轴对称，环形动线提高别墅气场。

17 利用分散的位置和空间增加主卧的储物比例，外置男衣帽间，内置女衣帽间，女衣帽间使用双开门来体现女主人的地位和形象。

18 卫生间双台盆可供男女主人同时使用，个人物品可分开摆放，台面一直延伸至淋浴区内，采用片墙的手法让台面得到延伸，浴缸靠落地窗边摆放，靠近阳光房的景观区，提升生活情趣。

19 三层方案二局部调整板块位置，设计入房门厅，主卧双开门正对电梯门，女衣帽间同样采用玻璃门，站在电梯厅也能通过双层玻璃门看见阳台的景观，视线穿透，采光充足。

20 将睡眠区内藏，增强隐私性，男主人在书房工作也不影响女主人的休息。可分可合的移门和右侧不断面的柜体同样讲究中轴对称的手法，注意空间界面。

室外景观对室内一直有着无形的影响，两者有着紧密的关联，学会利用室外的景观营造氛围。

59 空间板块组合对动线的影响

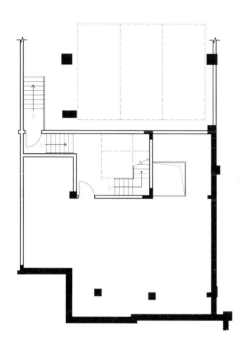

负一层原始户型图

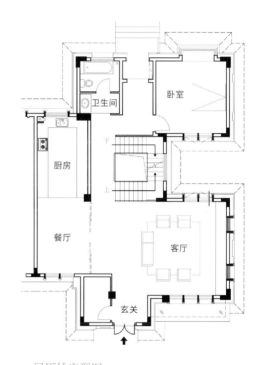

一层原始户型图

关键词

视觉穿透、互动性、挑空区、环形动线

导读

如何理解别墅的纵向空间？

原始户型分析

1. 四层联排别墅，三面通风采光。负一层层高较高，核心筒楼梯在整个户型的中心位置，但藏在房间内不合理，外侧有 L 形的户外庭院。

2. 该户型从一层开始有一块"凹陷"，采光差，涉及的区域像是受到了挤压，空间感不佳。

3. 一层入户的玄关位置尴尬，无形的通道使客厅区域受到影响。客餐厅板块比例失衡，厨房太长，餐厅区域有压迫感，动线单一。

4. 上至二层，整层楼道被墙体环绕，无起居室，无互动区，也没有可以通过挑空区与一层互动的位置，功能单一，卫生间窄小。

独栋别墅

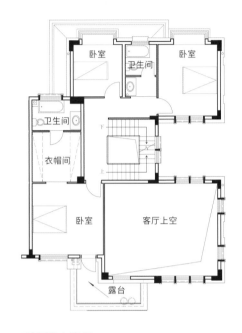

二层原始户型图

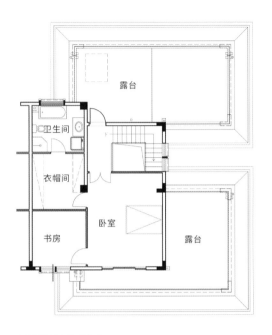

三层原始户型图

5. 三层是主卧的顶层套间,有两个独立的露台,各功能板块也都是独立的房间,卫生间拥挤且动线不合理。

户型切入点

从居住者的人口组成、生活习惯,以及别墅的纵向空间考虑。整个户型的采光、动线、板块位置需要优化,各功能板块配置需要提高。按照负一层娱乐区、一层会客区、二层及以上居住睡眠区来进行合理划分。

优化后分析

01 改变原有楼梯的位置,增加电梯功能,与原始布局中楼梯的位置相比,更改后的位置让所有空间都有了串联的可能,产生中心点。

02 负一层以娱乐类配置为主,作为朋友聚会、品酒等一些无明确目的的活动的休闲场所使用,临近车库也起到会客的功能。

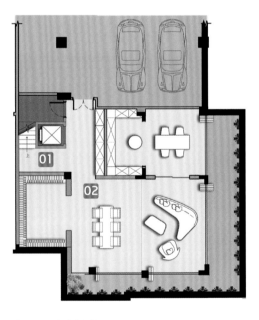

负一层平面布置图

03 由于负一层层高较高，可以做夹层来增加整个户型的功能配置。在地下的两层也贯穿了别墅纵向空间设计的中心思想，设计挑空区，增加两层的空间互动性，并解决了地下一层和夹层采光的问题。

04 夹层增加了有目的性的功能场所，包括瑜伽健身区、棋牌室、影音室和水吧区。

05 改变楼梯的位置，顺势重新调整一层各功能板块以及后门的位置，将一层"凹陷"处往外扩建，增加内部使用面积并提高配置，也让规划后的内部空间更舒适。

06 调整一层玄关储物间的面积，使之与玄关柜平齐，空间上拉平两者的关系。利用家具的摆法，在增加区域感的同时让客厅区域内无形的通道消失。

夹层平面布置图

一层平面布置图

独栋别墅

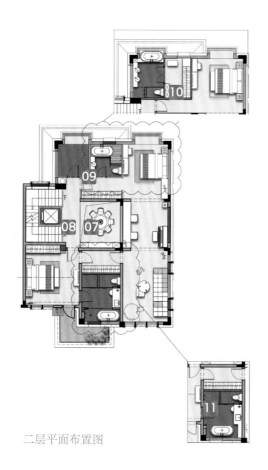

二层平面布置图

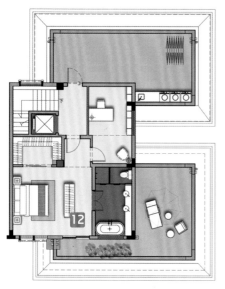

三层平面布置图

07 别墅空间里纵向空间的一个特殊性，就是空间的尺度感。把原先一层客厅上空的挑空区封掉，从别墅的纵向空间思考，巧妙地在新的餐厅区域上空做出纵向空间的挑空。上至二层后，会产生视线的穿透感，非常舒适。封掉的楼板扩大了二层的使用面积，还多出一间卧室的区域。

08 上至二层是两个孩子的居住层。从楼梯、电梯出来，通过挑空区眺望过去，看到的是两个孩子共同的娱乐区和学习区。围绕着挑空区，整个二层可以形成一个隐藏式的环形动线。

09 扩大原始户型二层卫生间的面积，进行干湿分离。剩余的空间可以作为整个二层的公用储藏空间，并且在整层布局中要注意，要尽量给两个孩子相同的配置比。

10 此方案是去除公用储藏间，移动小女儿房的卫生间板块，利用窗台的位置放置浴缸，扩大整个卫生间的使用面积，也顺势增加了衣帽间的整体容量。

11 此方案追求的是浴缸的展示性，独立的浴缸区更有大宅气派。

12 三层为主卧套间和独立洗衣房两个功能板块。重新规划套内各功能板块的位置，有独立的书房和步入式衣帽间。把主卫放置在采光充足的地方，并采用双开门增强仪式感，窗边放置浴缸，利用窗外的绿植提高浴缸区域的隐私性。

 结 语 🖊

别墅从上到下，每一层跟上下两层之间的关系，都跟人的生活习惯息息相关。设计要以人为本，从生活的本质出发。

60 创新的布局

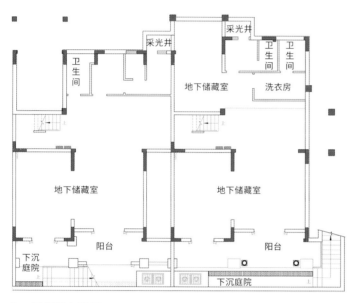

负一层原始户型图

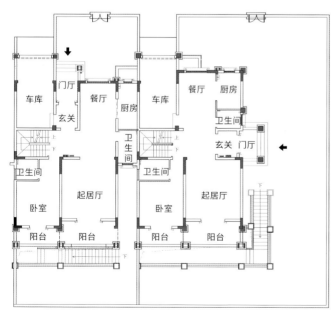

一层原始户型图

关键词

界面、环形动线、采光、视觉、展示性、可分可合、品质、利用率、互动性

导读

左右户型打通，优化不局限于平层，别墅有更高的创意空间。

原始户型分析

1. 三层联排别墅，地下一层、地上两层，业主购买两户进行打通。

2. 由于是两个独立的户型，所以外轮廓和面积上稍有差异。合并后整体上三面通风采光，有两个独立的车库和两个小院子，负一层都有下沉庭院，满足采光。

3. 两个别墅户型有不少重复的功能板块，业主希望打造独一无二的即视感，一入户就有超级酷炫的楼梯。

户型切入点

重新调整功能布局板块的位置，让两个户型无缝衔接。

独栋别墅

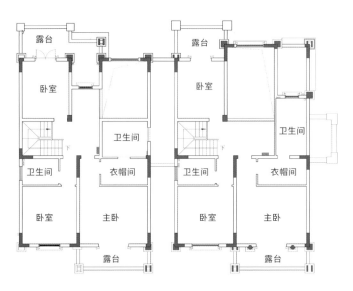

二层原始户型图

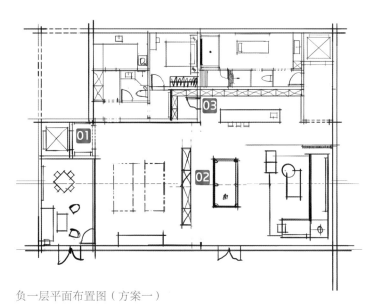

负一层平面布置图（方案一）

优化后户型分析

01 左右分别设计两个直升电梯，"01"位置可以不设置电梯，这个空间也可规划为储物间（见一层平面布置图"06"位置），增加负一层功能区的储物量。即使"01"位置不设置电梯，仍有另一处直升电梯和庭院外围楼梯两条动线可供上下。结合业主对超级酷炫的楼梯的要求，负一层室内未设计楼梯部分。

02 在别墅的布局概念里，负一层大部分是作为保姆房和休闲娱乐空间来使用，结合业主一家人的生活习惯和空间采光情况，设计师把靠近庭院的位置留给对采光要求较高的开放式功能空间。一条轴线上，健身区和桌球会客区之间使用柜体做中间阻隔，提高收纳空间和展示性，两个区域看似独立，却又视线互通。

03 水吧台和后方的水疗间增加了私人会所的感觉，提高了别墅的品质感。水吧台板块位置与墙体界面平齐，起到中控台的作用，也实现了无形的界面分割，同时具有很强的品质展示效果。

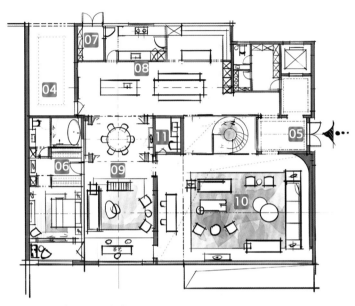

一层平面布置图（方案一）

04 保留一个车库的位置，在两个户型打通后，把建筑外墙与车库的界面拉齐，重新调整内部规划。再根据平面布局重新计算承重墙的具体位置，达到室内外同步优化的效果。

05 改变入户大门的位置，与以往的玄关不同，这将是一个空旷的前厅，有着强大的气场，中心是超级酷炫的旋转楼梯结合水景的造型。

06 该位置如果设计电梯，可参考负一层平面布置图。如果此处不设置电梯，则可以设计为鞋帽间与卫生间的组合。玄关没有设计独立鞋柜和储藏间，而是把这个板块置在一层、二层的动线上，相当于一个强大的多功能玄关库（同样的设计可用于本图右上角的电梯厅左侧空间），可存放外出常用衣物，方便进出门时使用。

07 主人动线和保姆动线各自独立，保姆动线紧连着厨房板块，方便采购、打扫，避免从正门出出进进。

08 户型内的上半部分为餐厨区域，由可分可合的中厨、西厨、水吧台和早餐台四个板块组成，每个功能板块都与相邻的板块相关联。以水吧台为焦点，双向轴线贯穿在户型中，空间纵横交错，促进互通。

09 竖向轴线上的中餐厅，上下连接着水吧台与偏厅，可分可合的联动移门可根据需要与旁边的空间进行组合。偏厅的门关上后，此处就会变成休闲茶室。可自由组合的空间，增加趣味性和利用率。

10 客厅横向尺寸较大，布局上采用两组沙发相邻摆放的方式衬托别墅的大气，上方设计挑空区，延长纵向空间更能突出别墅会客厅的气势。

11 暗藏式客卫在一层的中心点，这也是使用频率较高的地方，相当于客厅的附属空间。

独栋别墅

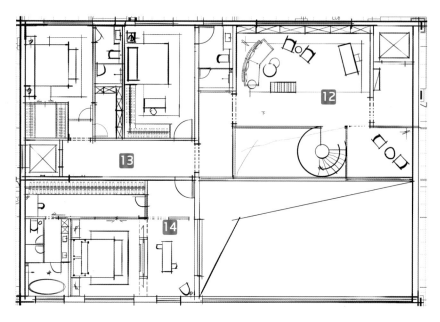

二层平面布置图（方案一）

12 二层的布局是鲜明的动静分区，三个套房加一个起居室，不管是通过电梯还是旋转楼梯，首先进入的都是起居室。起居室同样横向尺寸较大，选用的是围合感较强的弧形沙发组合，象征着与家人之间亲密的关系，同时配有书桌和整面书柜。

13 这里可以设计为电梯（参见负一层平面布置图），也可作为储物间来使用（参见一层平面布置图），或是扩大次卧衣帽间的使用面积。

14 主卧套房板块之间都采用可分可合的移门，加强睡眠区的隐私性和安全感，可以根据使用情况组合空间关系。靠外设计书房板块，与一层挑空区之间设有窗户，起到方便楼上楼下互动的作用。

优化后户型分析

01 方案二结合负一层双电梯的布局方式，稍微改变了一层套间的布局方式。

02 取消中餐厅的联动移门，中餐厅与水吧台之间使用柜体阻隔，中餐厅与偏厅合为一体。

03 取消二层主卧套间内书房对面挑高空间的窗户，布局上更加突出休闲感。

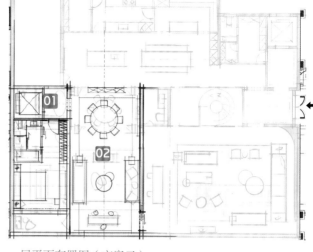

一层平面布置图（方案二）

别墅空间，越往上越私密，越往下越公开，抓住别墅的纵向空间关系。

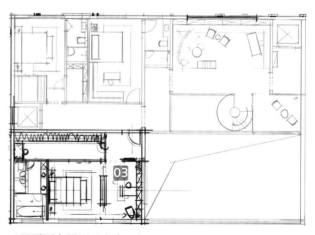

二层平面布置图（方案二）

独栋别墅

61 轻法式小别墅

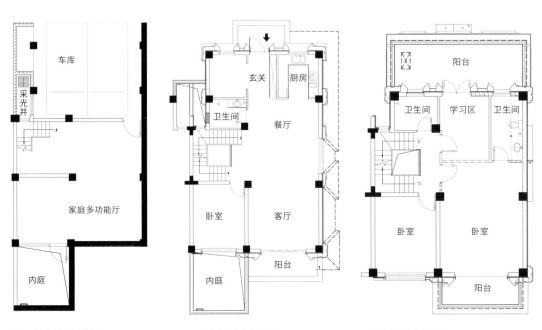

负一层原始户型图　　　一层原始户型图　　　二层原始户型图

三层原始户型图

关键词

视觉穿透、纵向空间、采光、仪式感、功能重叠、动静分区、可开可合、私密性、品质

导读

一个功能板块的位置有多重要？它能决定什么？

原始户型分析

1.该户型为四层联排别墅，地下一层，地上三层，三面采光。负一层带有车位，层高较高，无挑空区。

2.整个户型为长方形，面积由下而上递减，楼梯在户型的中间靠左区域。

负一层平面布置图

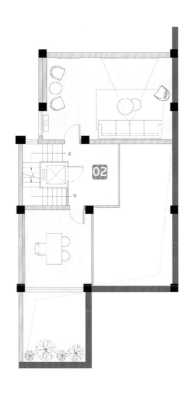

夹层平面布置图

3. 一家四口，希望有供两个孩子共同学习玩耍的区域。男女主人平时有健身爱好，同时也希望有影视室或其他功能。

户型切入点

原始户型很好，从整个户型的纵向空间考虑，结合采光、居住需求等因素来规划整体的空间布局。

优化后分析

01 从整个户型的纵向结构考虑，不更改户内核心筒的位置。在楼梯左侧隔墙上增加窗或者通透的玻璃隔断来增加负一层楼梯间的采光，同时还能增加健身区的空间感。

02 由于负一层层高较高，可增加夹层来拓展功能板块。夹层内，采光较少的上方区域作为影音室，采光较好的下方区域作为茶室。"无别墅，不挑空"这句话应该深入设计工作者的思维，挑空是折射大宅气势的最直接的方式之一。

03 负一层规划为健身房，有器材区和瑜伽舞蹈区，并配备了一个卫生间。除了拥有家庭健身的功能外，对于刚从车库入户的人来说，也可以体验到前厅挑空的感觉。

04 下沉庭院增添绿植，弱化"井"的感觉，弱化负一层的感觉，在负一层也要拥有绿植和采光带来的生命力。

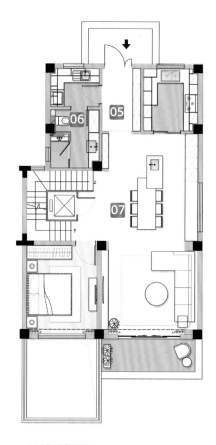

一层平面布置图

05 将玄关柜与厨房界面拉齐，形成入户玄关厅，强调区域感，增加入户仪式感，一整面玄关柜满足别墅的收纳需求。

06 增加相对独立的家政空间，改变原有卫生间的入口，并进行功能整合，尽量保证主空间的块面关系。一入户就能洗手的设计，符合当下的卫生要求。

07 户型的中心位置是餐厅区域，融入西厨的功能，突出当代社交餐厨的概念。整体形式对应空间顺势而为，不光功能强大，还具有展示性。

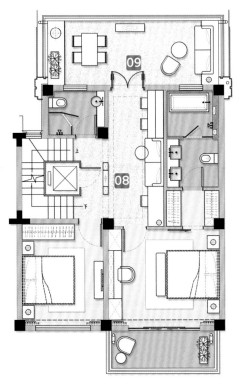

二层平面布置图

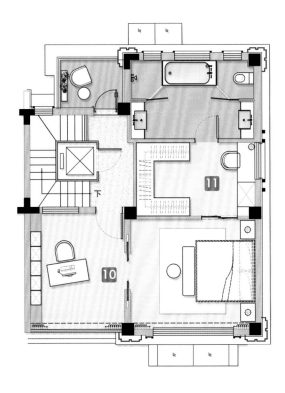

三层平面布置图

08 按照别墅的纵向分区，二层是两个孩子的空间。电梯对景后方是学习区兼娱乐起居室，满足两个孩子共同学习玩耍、相互陪伴成长的需求。

09 二层功能配置齐全，保留原建筑的阳台，这是属于两个孩子的休闲空间，可以在这里进行休闲聚会、品下午茶、晒太阳等多种活动。

10 三层是主卧板块，考虑到别墅纵向空间面积递减的原因，将露台纳入室内做书房，拓展主卧的使用面积及功能。书房与睡眠区之间可分可合的移门可保证睡眠区的隐私性，也相当于在套房内做了动静分区。

11 主卧套间配备齐全，有独立的衣帽间。主卫整体布局为"四分离"的形式且中轴对称，最具有展示性效果的浴缸呈现在中心点，十分具有仪式感。双台盆的设计既满足了男女主人同时使用的需求，也是品质的象征。

 结语

　　别墅要的就是独一无二的品质，在这个多元化的时代，设计同样需要紧跟潮流。

独栋别墅

第二章

工装设计

第一节

前期沟通

一、项目定位

项目定位是与业主沟通的主要内容，需要沟通的内容主要分为以下几点：

1. 使用人群

对于售楼处或者其他经营类空间来说，使用人群就是工作人员。工作人员的合理使用，是空间形成良好服务的基础。但有些时候，为了更好的客户体验，工作人员的体验可以被适当"剥削"。

2. 客户群体

客户群体是经营类空间的客人，是居住类空间的描摹对象。他们的需求和喜好决定了空间的走向。准确的顾客分析会直接决定空间的调性，所以工装类项目开始之前，要做准确的市场调研，当然优秀的业主会由营销部提供准确的客户描摹。

3. 所在城市的定位

项目所在城市或者区域的定位，是高端、中端还是低端，可以通过售价来体现。只要把预计的售价放到当地市场进行对比，就可以知道项目的定位。项目的定位也可以决定空间设计的走向。

4. 竞品的列举

确定了项目在当地的定位级别，就需要找到和本项目类似甚至级别更高一些的竞品，与业主沟通，是做差异化还是做同类优化，以确定项目的风格走向。

5. 项目的级别

不同的项目级别，比如 70 m² 以下的小户型和 120 m² 以上的大户型，其面对的客群是明显不一样的，这很容易帮助设计师来判断项目的级别。

6. 项目所在地的情况

这是对项目周围环境的了解，项目周围是否有绿地公园、河流、轨道交通、学校、医院、车站等各种公共设施，这些虽然不会对项目起决定性作用，但是有利于理解项目的综合属性。有些特殊的项目需要设计师结合项目周边最大的优势来设计。比如在名校周边的项目，业主会要求把售楼处做成学府气质或者书店气质，用来与项目的最大卖点融合。

7. 设计范围

这是项目需要明确的内容，不限制设计范围的业主基本都不靠谱，后期改方案的概率太大。建议前期至少敲定相对明确的范围，这会直接关系到合同及设计费。

8. 功能需求

这也是非常重要的内容，是作为使用者、经营者、建造者的甲方，需要对设计公司提出的最基础的需求，所以空间功能的列举也是必须要做的。不提需求的业主有两种：一种是超高端项目，可以根据空间气质舍弃功能；另一种是完全不靠谱的业主，没想法，想让设计公司拿东西出来试水讨论。如果是第二种的话，你的首轮方案一定是个"替死鬼"。只要业主一天没确定功能，设计公司提出的方案就存在大改的可能。所以，重要的内容说三遍：明确需求！明确需求！明确需求！

9. 服务动线

这条的重要性和功能需求是一样的。有了功能，你需要和业主确认经营的流程，确认服务及被服务人员的行走动线，这有助于设计师在空间中排布功能模块。

10. 风格倾向

越有明确风格倾向的业主越是良心业主。设计师最怕业主说的词是"独特、创意、时尚、大气、高端、艺术、国际化"等。词越"大"，设计师越"怕"；词越"空"，设计师越"疯"。设计师需要有丰富的素材储备，才能在与业主敲定任何可能确定的内容时不会左支右绌，哪怕是一块材料、一件家具。

11. 成本造价

不给造价的业主不是良心业主，同样，不在造价范围内做设计的设计师也不是负责任的设计师。明确合理的成本，是设计师做设计的一根标准线，也是业主不可突破的底线。

12. 招标单位企业文化的需求

每个业主对自己的项目都会充满美好的期待，业主都会希望自己或团队的企业文化或多或少在项目设计中得到某种方式的体现，项目的文化定位也对设计有决定性影响，更多地体现在创意思路、设计风格等方面。

13. 定位决定创意

设计定位是对室内设计方案具有统领意义的指导思想和大原则，也是在对业主的需求做出综合分析、对项目进行了深入理解后制定的设计策略。它将在一个宏观的高度上指导设计的每一步。

二、时间节点

甲乙双方沟通时，一定要确认好工程中的各个时间节点，这将是把控工程进度的重要方式，一般工装过程中，都包含以下时间节点：

1. 始末时间

明确工程启动和结束的时间，保证双方设计周期的一致性。

2. 各阶段方案汇报时间

准确的汇报时间有利于设计方排布时间计划。通常甲方地产公司的负责人时间比较难约，提早明确时间，可以让甲方早做安排。

3. 扩初招标时间

这是设计过程中非常重要的阶段，是甲方设计管理团队给到成本招标团队的第一次成果提交，涉及施工单位的招标、成本的核算、各相关单位的配合条件等。所以，此次的内容必须保证相对准确，后期最好不要有大的调整，这样不至于造成多方方案的调整和计划的反复。有时候一些设计公司会抱着侥幸的心态，想着后期还可以调整图纸，因此在扩初招标时发一些有明显错误和疏漏的图纸给甲方。现在市场竞争激烈，各企业的成本控制非常严格，因此设计公司的试错成本是极高的，明知可避免的错误应尽量不犯，不要自作聪明。

4. 开放时间

开放时间是业主内部定下的结束日期，因为地产公司对于时间的把控是非常严格的，所有专业必须在这个时间点完成所有内容。

三、汇报

乙方向甲方汇报阶段性工作成果，也是双方沟通的重要机会，下面重点介绍一下汇报的形式和内容。

1. 网络汇报和当面汇报

不同的汇报形式决定了你的汇报安排，如行程、软硬件设备等。

2. 参与汇报人员

针对不同的汇报对象，需要做不同的准备。级别上尽量保证甲乙双方平级沟通。专业上也要有相应的准备和应对。

3. 汇报需要的条件

软硬件设备提前沟通，以便准备。确定不同阶段需要提交的内容，以免缺项。

4. 文件排版及提交形式

不同的甲方对汇报文件有不同的要求，有些公司会有固定的模板和流程，有些公司不做限制。这些都要提前确认清楚，避免发生上会前全部排版还要重新修改的事情。

四、资料文件

1. 营销策划定位文件

这份文件可能包含了项目定位里的所有内容，如果甲方提前准备了营销策划定位文件，乙方一定要拿到。但如果时间比较紧，甲方这份文件还没有做出来，乙方就开始了设计配合工作，此时乙方也需要跟甲方沟通，了解项目的营销定位信息。

2. 建筑方案及图纸模型

通常在室内设计工作开始的时候，建筑方案都会基本成型。初步的图纸和模型都会有，室内设计师应该拿到这些资料并随时与甲方确认并更换最新版本，避免因沟通不及时导致图纸版本的错误。保证你的方案随时都是在最新的建筑图纸下进行的，这不是专业的问题，是最基础的沟通问题。

3. 景观方案及图纸模型

与上条内容相似，虽然景观对室内不构成决定性的影响，但是优秀的设计必须是室内外综合考虑的结果，这点毋庸置疑。

4. 现场照片及视频

工期比较赶的项目，都是建筑、室内同步进行的，在条件允许的情况下，一定要亲自到现场查看情况后再展开设计。这是对业主的负责，也是对自己设计的负责。编著者见过太多方案确定后才去现场，然后大改方案的事例。每次查看现场，都要保存好视频和照片资料，方便设计时使用。

5. 其他相关的所有资料

这是一切上面未包含的资料的总和，业主可能有各种相关的资料，最好让业主都发过来。一个项目的限制条件越多，颠覆的可能性就越小，对设计的顺利进行就越有利。

第二节

工装设计流程

一、概念方案

工装设计首先要提出概念方案，方案通过后再进行深化，概念方案通常包含以下内容：

1. 初步方案

初步方案包含以下三点：

1）建筑图纸读图

这里需要确认的是：主要开间、进深、层高、梁高等结构数据，消防栓和各种管井的具体位置，作为竖向交通的电梯、楼梯的位置及造型，北方项目的地暖、分集水器、防风门斗等设置。这些都会对工装设计有着不小的影响。

2）总结优缺点

读图后根据建筑图纸进行优缺点的罗列，主要是针对影响室内空间效果的内容，比如入口的位置及形式、挑空区的位置及大小、楼梯的位置及造型、卫生间的方位等。

3）提出方案

针对相应问题给出合理的解决办法或者建议。通过罗列优缺点提出问题只是第一步，给出建议和解决方案才是设计师的职责所在。

2. 设计概念和元素提取路径

设计元素为构筑空间概念氛围的重要组成部分，是构成氛围的具象表现，亦可是一段文化的载体。设计概念和元素的提取通常有以下几种路径：

（1）地域文化、时代、自然环境分析。这是最常用且不会出错的概念提取方式。研究项目所在地域的历史文化特色，找出最适合的点进行发散。

（2）建筑表皮。

（3）跨界。

（4）企业文化。

3. 设计技法

设计技法要求设计师从多方面展示自己对空间的理解和驾驭能力。

1）有形

形体关系、色彩情感、材料的温度、灯光照明、软装配饰。

2）无形

认知与演化、空间关系、人文历史文化、心理学、气质氛围。

3）碎片化收集

收集符合本项目设计气质的各种图片，从中寻找灵感来源。

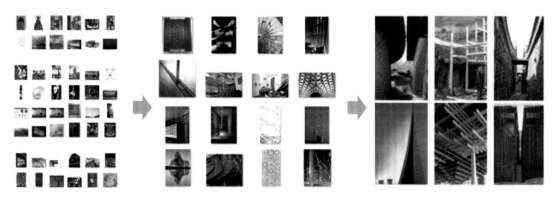

概念和元素的收集

4）元素演变

设计元素可以直接运用在方案中，也可以经过多重演变，最后形成独特的设计形态。演变方式有以下几种：简化、"简化＋复合"、举一反三。

4. 初步应用构想

提取出形、色、质这些主要元素的时候，我们还可以进一步思考这三大元素的演变和组合形式。可以结合手稿或草图大师（SketchUp）软件创建的模型（又称 SU 模型）进行推敲构思。

5. 平面方案

1）功能分区推理

在做平面设计之前，需要将完整的设计区域进行切割，将各功能空间按照合理的顺序和方位依次放置到相应的位置，绘制成泡泡图或者功能分区图，这是很多设计师在项目早期和业主沟通思路的方式。平面规划的过程其实就是一个由大到小，由小到细，由细到美的过程。

2）主推方案

主推方案可以使项目达到最佳效果，甚至可以突破一些小的规范限制、设计范围限制、建筑条件限制、造价限制等。为了达到项目的最佳效果，设计师可以尝试用更好的方案向业主争取更好的外部条件。

3）备选方案

一个商业合作的项目，大概率会由多个部门、多个领导进行讨论交流，最后敲定。这就需要设计师多提供一个或者几个方案供业主进行讨论交流，只拿出一个平面布置的方案给业主，是有极大风险的，没有可供对比交流的内容，可想而知你的主推方案是多么孤立无援。设计方案就像设计师训练出来的作战部队，首推方案是"统领主帅"，备选方案就是"副帅"，"副帅"可能随时倒下，但是如果没有"副帅"，"主帅"将会孤立无援。

4）保守方案

如果条件允许，你还可以为你的"部队"准备一套"主副帅"都倒下后的保守方案，以备不时之需。你不希望你的"部队"用到这样的方式，设计师也不希望业主选中这个方案。虽然保守方案是为了项目的妥善进行而准备的保险栓，但也请保证正常的设计水准，切不可因为其是保守方案，就放松最基本的要求。

5）方案对比分析

当你有了两版及以上方案的时候，你需要做一件很重要的事情：将这些方案进行横向对比，列出优劣势，给出推荐方案并说明理由。这样的对比最好在一个页面内完成，给业主最直观的比较。把业主需要在脑子里回想对比的内容，做到直观的页面中，替业主梳理信息。多想一步，多一分体贴和专业，细节上的用心可以给到业主直击内心的舒适感。

6. 概念意向

1）主推方向

设计师认为较好的方案，且争取一下，业主可能会接受的。

2）备选方向

设计师结合了业主喜好，折中的方案，设计师和业主都需要做妥协。

3）保守方向

为了业主喜好准备的方案，设计师仅仅是在完成任务。

4）方案对比分析

参考上述"5. 平面方案"下"5）方案对比分析"的内容。

7. 空间表达

1）剖立面表达

这是完善设计表达的重要内容，复杂的空间结构或者造型需要更直观的表达形式，而剖面图和立面图的表达是最为高效便捷的一种。

2）SU 模型

三维模型，必然是更直观的表达。并不是所有参与方案决策的业主都有从平面生成立体的想象力，所以为了在有限的时间内更好地阐述方案，三维空间模型是最好的方式。草图大师（SketchUp）软件是很好的三维建模工具。在概念方案阶段，我们所说的模型是指空间素模。

3）材质搭配意向

有了完整的平面、初步的立面和三维空间的素模后，材质搭配的意向也是非常重要的。在笔者曾经做过的项目中，北方业主大多喜欢皮革和金色金属，而南方的业主则包容度更强一些。准确地沟通材质意向，对于下一阶段的深化方案非常重要。

二、深化方案

概念方案确定后，就要沿着这个方向做深化设计了，深化方案阶段的设计工作包含以下内容：

1. 设计概念细化

在深化方案阶段，我们需要将设计概念延伸细化到更多空间中，形成一个整体而细致的空间方案构想。

2.SU 模型细化

设计师最好学会使用草图大师（SketchUp）软件，这是最为简单直观的推敲设计、研究空间的三维建模工具。在深化阶段，一套完善的 SU 模型还可以成为三维建模渲染和制作软件（3DS Max）模型的基础。

3. 材质搭配细化

推敲模型的同时，需要在空间里面尝试材质的搭配。同时需要进行真实材料样板的搜集和搭配，以了解材料的性质、尺度、造价等信息，达到对材料的深入认知。

4. 天花板、地面设计方案

这里说的天花板、地面设计方案其实是指地面材质的铺贴、地面高差造型，以及天花板的材质及造型设计，这需要与空间模型以及材质搭配同步进行。天花板是十分重要的，公共空间的设计规范对天花板要求非常高，一些基础的设施设备都会和天花板发生最直接的关系，比如消防喷淋、烟感、喇叭、监控、无线路由器、空调、新风、应急照明、机械排烟、挡烟垂壁、消防卷帘等。天花板设计方案需要在解决这些硬件设备的基础上再做一些美化的处理。虽然在这一阶段不需要考虑得面面俱到，但是基础的常识是必须要有的，连风口和灯具都不放的效果图，就是赤裸裸地作假。

5. 照明方案

照明方案也叫灯光设计。常规项目一般是设计师根据自己的经验做到基础照明；高端一些的项目则会配备专业的灯光设备团队配合设计师完成灯光设计；顶级项目会专门把灯光设计拆分为独立的设计子项，最终得到的方案会更加优秀。

6. 软装搭配方案

这里的软装方案更多的是在自己设计的硬装基础上做的搭配方案，从效果图中可以直观地看到表达效果。这不是专门独立的软装搭配方案，只是硬装设计师对空间调性的初步打造。

7. 效果图制作及调整

设计师需要简单了解效果图制作的基础知识，这样可以更好地进行效果图制作细节的把控，也可以让最终的成果更贴近自己想要的结果。

8. 彩色立面

同初步方案一样，这里的立面也是用来丰富空间方案的表达手段。完整漂亮的彩色立面可以更好地阐述方案构思、表达比例尺度。

9. 造价估算

完成了空间方案及所有表达的内容后，我们需要用相对精准的测算来检验我们的方案是否在业主的造价范围内，以保证方案的可行性。

结 语

　　硬装深化方案通过后，就可以开始软装概念方案的设计工作了。

三、扩初方案

1. 对内

1）综合天花板设计图

这是将各部门、各单位的图纸进行核验，整理到一张图纸上的操作过程，在这一过程中可以验证整个天花板设计方案是否可行，并对各单位提出的点位进行精准调整。此阶段设计师会和各个单位进行多轮沟通和拉锯，要做好一定的心理准备。一切工作的目标都是为了更好地完成空间方案，并促进其完美落地。

2）空间立面造型细化

空间方案的确定就是要求我们对所有立面做进一步的精准细化。细化到每一个立面，细化到每一厘米，且需要结合具体的材质和灯光。

3）主材选择

此时，设计师需要选择材料，并了解清楚所选材料的一切特性。天然的石材和木饰面一定要在选用前确认材质的稳定性，比较紧急的项目需要提前咨询材料供应商是否有足够的现货。非常规材料需要知晓其规格尺度和加工工艺等。材料是空间的表皮，你对它越了解，出问题的概率就越小。

4）收口大样的细节深化

进行到这里，就已经到了极其细化的程度了。此时，设计师需要关注地面与墙面，墙面与顶面，以及各个面不同材质之间阴阳角的收口处理。

2. 对外

1）资料整理

资料包括原始条件资料、完整的设计方案资料。

2）方案交代

如果项目施工图是由外部团队来完成，就对设计师提出了更高的要求，因为与外部单位合作需要更多的沟通，而且是更直观的沟通，能线下不线上，能截图不口述。保证沟通的准确性是这个阶段非常重要的事情

结 语

在此阶段开始之时，软装单位就可以进行软装深化方案的设计了。

四、施工图阶段

1. 方案细化

1）立面方案深化

此时施工图已经完成了大部分，需要设计师针对已有的图纸进行校对调整，此时的调整主要集中在主要空间的尺寸及细节，次要空间的立面造型及材质，以及整个项目的点位及相关的尺寸。

2）材料细化调整

方案细化阶段难免会涉及个别材料的调整，有的是因为造价、货期、材料版幅等原因，有的是因为设计师对材料搭配方案的反复调整。

3）附件清单选型

一份完善的施工图除了图纸本身，还需要明确方案中出现的各种配件，在此阶段，设计师需要把所有主材、灯具、洁具、五金等设施设备的完备参数信息及供应单位罗列出来。

4）易疏忽位置提醒

几乎所有图纸都会出现疏漏，有些疏漏是很多人都容易犯的。比如：开关门状态是否影响到了开关面板及插座，设施设备尺寸是否核对完毕并预留插座点位，楼梯等关键造型是否缺漏立面信息，等等。

2. 审核校对

1）项目信息

核对最基本的业主及项目信息，避免出现套用图框时未修改项目信息的低级失误，这种失误是非常低级且致命的，但也是极易出现的。

2）方案本身

核对主要空间的立面造型所采用的尺寸及材料是否正确。

3）营销设备

设计师要对由另一方提供的内容进行多次核对，尤其是营销的相关设备，比如沙盘、电子屏、水吧设备、电子香薰、影音设备等。

4）软装相关

这项内容也非常重要，由于软硬装设计师之间可能存在沟通上的疏忽，所以硬装设计师需要提前知晓常规的软硬装配合中常见的问题，以规避错误。比如：地毯是否盖住了地插，台灯、落地灯、壁灯、装饰灯等灯具附近是否留有插座点位，重点突显的挂画艺术品是否有独立照明，人型吊灯是否需要硬装提供结构上的加固支撑，书架、置物架的照明灯具采用哪种出光方式，活动块毯是否影响门的开启，等等。

3. 文件提交

施工图及材料设备清单要备好完整的电子版及纸质版资料，需保证业主在约定的提交节点拿到准确的图纸。

五、施工交底

1. 方案讲解

这里的方案讲解是针对施工方的，所以只需粗略地过一下设计概念，但是需要把空间中主要的设计节点和构造详细地说明一下。

2. 单独讲解重点、难点

针对整个项目并结合施工方的水平，设计方可以将项目的重点、难点进行单独讲解，着重强调，以保证主要设计节点的顺利执行。

3. 材料确认

在施工交底的现场，施工方应该准备好施工样板，以供多方核验。设计师对施工样板进行签字确认，未达标准的样板需重新打样送审。

4. 图纸答疑

专业负责的施工方一定会在施工交底会议之前对图纸进行仔细阅读并一一列出疑问，在会议之前就以文件的形式发给业主及设计方。设计方需要提前准备好相应的解决方案，在会上针对问题逐条解答。

六、过程配合

1. 现场误差调整

几乎所有的项目都会存在施工现场和设计图纸之间的误差，有些误差甚至是非常大的，这就需要设计方根据现场的实际情况作出相应的调整。编著者遇到过一个 800 多平方米的项目，画完施工图后到了现场才发现，竟然还有一个五六十平方米的机房，而且位于核心的功能区。这种情况，只能进行整个后场平面方案的调整，影响非常大。所以在此提醒大家：查看现场并核对图纸是非常重要的一件事。

2. 定期巡场并作报告

这属于设计服务的一部分，也是完成自己设计作品的必要流程。远距离的项目可以根据项目的实际进度每隔 1~2 周去一次，近距离的项目需要每周一次去现场查看。因为施工进度比较密集，每一周都会有新的变化，一旦跟进不及时，难免会有各种意想不到的意外发生。每次巡场完毕后，一定要有正式的巡场报告，一是证明了巡场的事实，二是提出现场的问题并调整方案。

3. 二次深化图审核

专业的施工方会在施工过程中对主要节点进行二次深化，因为设计公司的施工图对施工方来说只是一个方案，无法用来直接指导详细的施工。几乎所有大面积的材料都会有下料图的深化，设计方需要对这些内容进行详细的审核。因为施工方有时候会根据他们的施工习惯来调整设计的内容，尤其是大样节点，这样就会和原本的设计要求不符，这是需要查看核对的重点。

4. 重点问题发函

这样的情况每个设计师都不希望发生，因为这预示着项目中出现了需要业主重视并出面调解的问题。比如施工方没有按照设计方案执行落地且不按设计方要求调整无果的情况下，就需要设计公司根据实际情况汇报给业主，由业主来解决此问题。因为施工方的甲方是业主，所以对施工方来说，好的时候会协助设计方完成项目，坏的时候就是"挑刺"——设计方常常成为施工方甩锅的第一选择。如果出现重大错误且施工方坚决不改，设计方必须通过正式的函件来通知业主。

七、项目验收

1. 材质灯光是否准确

项目结束需要进行验收，在设计方固定巡场的情况下，大的造型尺度是不会有问题的。有些问题会在开灯后显现，比如：石材的结晶打磨是否做好，灯光的色温及照射方向是否准确，细节收口的精细度是否达标，大面积材料的平整度如何，等等。

2. 软装品质审核

软装与硬装不一定是由同一个设计单位设计的，但硬装的设计方，也有必要对软装提出合理的整改意见，包括家具的尺度和品质、灯具的亮度和色温、饰品的颜色和搭配等。

3. 拍照留底

所有的验收，不管是否存在问题，都需要拍照留底为验收报告提供素材，也为项目总结保留必要的归档文件。

4. 完成验收或整改报告

和巡场报告类似，设计方每次到现场都要拿出记录性的文件交给业主，一是证明事情的发生，二是记录事情的具体内容。整改报告需要列出所有的问题，并给出自己设计范围内问题的解决方案。

八、项目推广

1. 拍照

1）联系摄影师拍摄

从市面上选择合适的摄影师并联系沟通，向摄影师提供项目的方案文件、现场照片等，以便摄影师能在拍摄之前对项目有所了解。

2）现场配合调整软装

正常来说，项目摄影的时候，软硬装设计师都应该到场。因为空间摄影一般都在项目交付后进行，经过一段时间的使用，项目的一些内容难免会有所变动，这就需要设计师来复原最初的设计内容。同时，设计师也需要配合摄影师摆出更好的空间场景。

3）图片后期处理

和拍婚纱照一样，一份好的空间摄影图也少不了强大的后期，虽然有刻意美化的痕迹，但是市场环境就是这样，当市面上的设计公司都修图的时候，相对来说也是公平的，跟化妆、美颜一样的道理。

4）编写设计说明

完成了所有的图面表达，还需要给项目配上优美的文字释义。有些公司是设计师自己编写。大多数公司都采用另一种常见手法——设计师阐述自己的设计想法，由企划文案人员来编写。由此可见，设计师的文字能力是一个不可多得的特长，有总比没有好。

2. 推广

1）排版优化

图文都有了，就到了推广的环节。以前的推广可能是向网站投稿，而现在大多以微信公众号或抖音等自媒体的形式推广。如何更美地把你的设计展现在读者的手机屏幕上成了项目推广的核心。甚至需要专门为推广做出一些有关设计的素材，比如项目的推导图、手绘、模型等。你也可以选择不做这些，但在这个看脸的时代，让别人看到美丽的颜值，进而看到你优秀的内在，何乐而不为呢？

2）文字优化

文案编辑根据设计师的阐述编写文字内容，需要设计师多次查看并提出调整意见。设计说明中的每一个字，都是设计作品展现在别人面前的一部分，请认真对待。

九、归档

1. 按照设计顺序备注时间，清晰分类文件夹

项目文件的集合，就是一个设计公司的文档资料库。作为资料库的其中一员，每份文件都要分类清晰，有利于查找。

2. 重要的阶段性文件需要保留可编辑版本

对后来者来说，设计资料最大的价值是可以编辑，这也是公司的项目操作细节得以延续的手段之一。

第三节 案例

62 简单的优雅

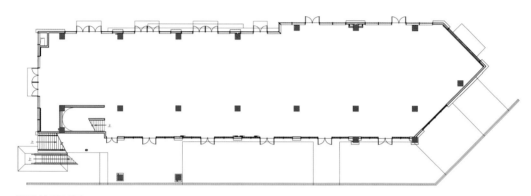

一层原始平面图

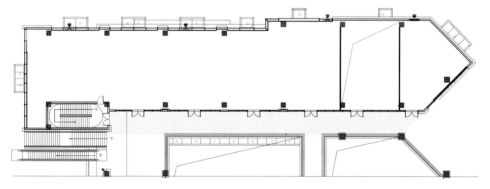

二层原始平面图

关键词

展示性、动线、景观、轴线、视觉、情绪、消费

导读

在不对称的空间里找对称。

原始建筑分析

1. 这是一个商业综合体内的营销中心，联排商铺有一定的局限性，但采光非常好。

2. 入门处为斜口，比较难处理，整个框架结构为长条形，并且轴线不对称。

3. 二层与一层的结构一致，有一个跨柱的挑空区，对于整个营销中心的面积比例来说，挑空区偏小。

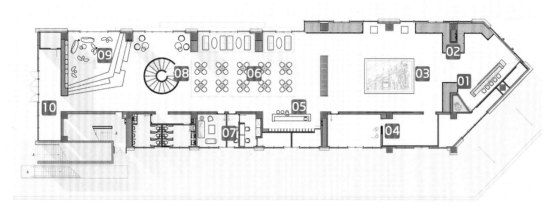

一层平面布置图

布局切入点

明确所需功能，从营销待客的角度出发，解决原建筑带来的轴线问题。

布局优化后分析

01 入门斜口处设计艺术装置对景，吸引客户目光，接待台入口与艺术装置的中间根据空间顺势而为，间接促进客户与营销人员的目光交汇，从入门处就拉近客户与营销人员之间的关系（改造后效果图1）。

改造后效果图

02 在不对称的板块内利用景观拉齐空间的轴线关系，此处的景观不仅是装饰，也是引流的重要元素。

03 穿过门厅进入沙盘区，上空增加了一个跨柱的挑空面积（与建筑单位协商增加小梁，弥补被取消梁位的承重力，不可盲目删除结构），将沙盘区的整个纵向空间打开，高大的空间会给视觉一种震慑的力量，利用空间形态打造中心区域感（改造后效果图2）。

04 利用功能进行动线分流，增加强制动线提高品牌感染力。可以引导客户走入"一次动线"和"二次动线"。第一次来访的客户通过营销人员的带领，先是进入品牌展示区和影音室来对品牌进行了解，然后再进入沙盘区了解整个楼盘的概况。第二次来访的客户可以直接进入沙盘区确认楼层，观看户型模型，进入洽谈区开始购房流程。

05 洽谈区基本由开放式洽谈区、VIP室和水吧区组成，三者之间相互关联。水吧区的位置很重要，在本项目中水吧区的板块位置位于沙盘区与洽谈区的交汇点，迎来送往的客服在这个位置都能看得到，所以该区域对整个洽谈区有控场的作用。

改造后效果图2

06 中间空旷的部分放置一些零散的座位方便营销人员灵活签单，这个位置的动线十分灵活，侧边结合柱体或者装饰面、采光放置卡座，根据空间形态的变化进行软装的选型（改造后效果图3、改造后效果图4）。

改造后效果图 3

改造后效果图 4

07 洽谈区的财务室。这是唯一一个会出现在前场区域的办公室，是方便客户购房缴纳定金的地方。结合大众的消费心理发挥隐性功能，让犹豫的客户看到正在订购的客户，在一定程度上刺激消费。

08 甲方不想客户在进入洽谈区时对所有区域一览无余，于是设计师增加了视觉中心点——旋转楼梯。在功能的基础上，不仅有强大的观赏价值，也提高了营销中心及楼盘的整体品质。

09 旋转楼梯后方是儿童书吧休闲区，本身较为喧闹的营销中心通过这一区域来减少儿童可能带来的吵闹，设计一些儿童喜爱的娱乐项目，为携带儿童的客户提供贴心的服务，可增加客户逗留的时间，也增加了营销人员与客户之间沟通的效率（改造后效果图 5）。

改造后效果图 5

二层平面布置图

10 一层最后的区域设计艺术过厅。一是保留采光，从视觉上产生延伸感，一个空间后还有一个空间，从心理上放大空间；二是可以作为儿童区的附属空间；三是作为给客户预留的安静空间。

11 通过旋转楼梯进入二层的户型模拟区，体现仪式感，可以让客户在营销中心内身临其境地感受户型，从而提高营销效率。虽然与办公室同在二层，但也要做区分和阻隔，让客户有一个沉浸式的体验。

12 营销中心一般分为前场区域和后场区域。此项目为两层空间，所以直接将一层定为前场区域，二层定为后场区域。上下工作环境氛围相互不影响，并保留原建筑的楼梯暗藏，将其设定为工作人员动线。

结语

通过设计把服务功能与营销动线串联，给予客户最好的服务，给予营销最大的效率。

63　不走回头路的营销中心

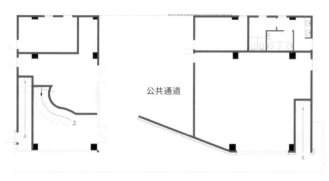

一层原始平面图

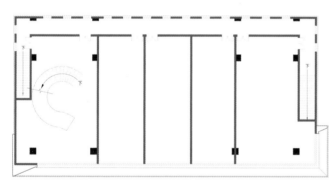

二层原始平面图

关键词

展示性、动线、视觉、旋转楼梯、纵向空间、中轴对称

导读

小型售楼处也可以做到五脏俱全。

原始建筑分析

1. 这栋建筑规划为住宅小区的综合服务中心，前期开盘时作为营销中心来使用，一层中间有一条公共通道将两块区域分开，二层是一些服务用房。

2. 原始规划中大厅内旋转楼梯的形态会给相邻的功能板块在空间使用上造成一定程度的浪费。

布局切入点

根据建筑本身的优势切入布局，合理规划旋转楼梯和周围的功能板块。

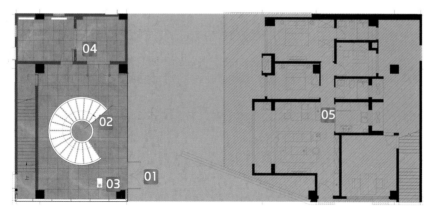

一层平面布置图

布局优化后分析

01 根据原建筑的形态，首先将两层楼分为三个板块。一层为入口迎宾区和户型模拟区，二层为营销内场区。根据原建筑设计的优势，通道口的倾斜造型十分具有引流的作用，从心理上营造一种欢迎来访的亲和感，因此营销中心的入口大门自然定在这个位置。

02 由于建筑面积的原因，改变常规营销中心入门便是接待台的模式。根据原有结构改变旋转楼梯形态且独立出来，放开一层的空间，原建筑的墙体也改为玻璃墙结合原建筑对外侧的玻璃幕墙，营造"玻璃盒子里的旋转楼梯"来增加展示性，吸引客户目光（改造后效果图1）。

03 入口增加临时接待台的功能，做引导和咨询的工作，方便有客户来访时及时通知二层的营销人员准备接待。

04 将营销动线的第一步"影音室和品牌展示区"与旋转楼梯放置在同一个区域内，客户可以先在一层对楼盘进行了解，再决定是否上至二层内场洽谈。此功能板块一共有三个出入口，以便形成一条不走回头路的动线。

05 户型模拟区从面积上刚好可容纳一个户型的区域，且本楼盘只展示一个户型。客户从左侧入口进入了解楼盘概况，上至二层内场看沙盘进行洽谈，最后从右侧楼梯下至一层感受模拟户型，全程动线不走回头路，形成纵向空间的环形动线。

改造后效果图1

06 上至二层，穿过两侧屏风来到主内场，根据营销待客动线首先进入沙盘区，两侧通道中轴对称，讲究的是空间界面的干净利落（改造后效果图 2）。

07 由于原建筑空间尺寸的原因，将接待台和水吧台整体空间合并，打造一种新的视觉感。根据功能辐射范围进行排序，接待台在左边服务来访客户和沙盘区，水吧台在右侧服务洽谈区（改造后效果图 3）。

08 茶艺区增加营销中心的功能配置，实则是另外一种形式的 VIP 室，处于半开放又看似独立的空间内，采光充足，相对安静（改造后效果图 4）。

09 面积不大的洽谈区由散座和卡座组成，与沙盘区之间利用 LED 屏阻隔划分空间。散座在面积较小的空间内灵活多变，可将空间轻量化（改造后效果图 5）。

10 从空间感的角度出发，用通透的屏风作为该卡座位置的隔挡，以 LED 屏为中心横竖划轴线，由此可以看出，横向轴线上的空间两侧为对称处理手法，中间实、两侧虚，所以在竖向轴线上，使用通透的屏风才能达到空间两侧的平衡值（改造后效果图 6）。

11 卫生间整体所占面积比例较小，提高利用率。

12 通往户型模拟区的下楼通道。

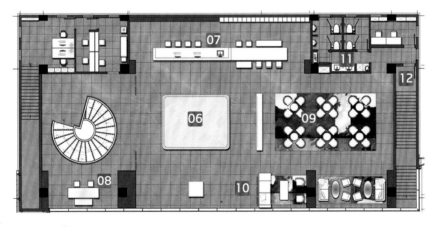

二层平面布置图

在任何空间里，任何事物都不是独立的，都与它周围的东西相关联，在不同的案例中，它们都能以新的形态呈现。

改造后效果图 2

改造后效果图 3

改造后效果图 4

改造后效果图 5

改造后效果图 6

64　化茧成蝶

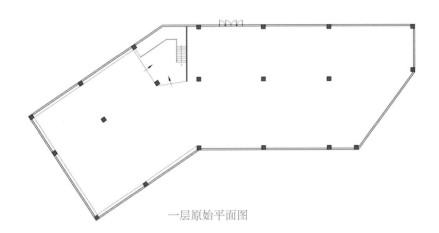

一层原始平面图

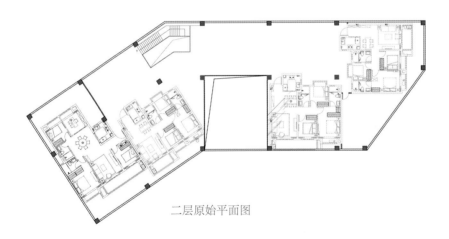

二层原始平面图

关键词

动线、景观、轴线、视觉、空间形态

导读

"折角"形空间如何自然处理各板块之间的关系？

原始建筑分析

1. 昆明某住宅楼盘的双层营销中心，原建筑像是由两个板块交接而成，呈现出两个角度的方向与轴线。

2. 该建筑中心上方有一处方形挑空区，整体空间中有一侧切断的斜角，对部分布局造成一定的局限性。

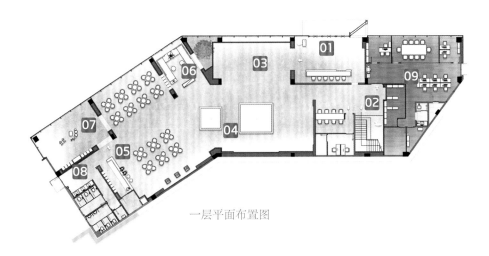

一层平面布置图

3. 通往二层的楼梯形态不规则且相应的挑空区不舒适，考虑是否有展示价值。

4. 二层为整个楼盘的户型模拟体验区，从楼梯的位置可以看出，一上来会有一个柱体直立在那里，体验感不舒适。

布局切入点

1. 从营销、成本、效果的角度结合当地文化元素出发。

2. 一层合理规划各功能板块的位置及动线，二层将空间充分利用起来。

布局优化后分析

01 划分出前场、后场的区域空间。从营销动线的角度上考虑，改变入户大门的位置，接待台背景墙融入当地文化元素做结构造型，生动的蝴蝶装饰翩翩飞舞，还可隐约看见背景墙后的楼梯，增加视觉穿透感（改造后效果图 1、改造后效果图 2）。

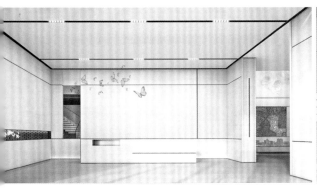

改造后效果图 1

改造后效果图 2

02 考虑到成本和效果，改变楼梯原有的位置，并在楼梯的下方增加收银室的功能，利用板块分区动线分流，提高效率。第一次购房动线向左进入沙盘洽谈区，第二次购房动线向右上至二层确认所需户型，下楼就是收银室。

03 该区域为品宣区，将功能直接贯穿在动线内（改造后效果图3）。

04 按照甲方的需求，需要有大小不同的两个沙盘。摆放的位置也有讲究，以柱位装饰面为界面，大沙盘在挑空区的正下方轴线中心处，小沙盘位于两条轴线的交汇处，巧妙地过渡了空间交汇点。下方"折角"处做凸出造型，与上方"折角"处的空间造型形成对应关系，整合空间界面（改造后效果图4）。

05 水吧区增加附属储藏间，提高整体效率，方便使用，所处位置要能辐射其相关的所有板块，功能上向前控场整个洽谈区，向左能照顾到儿童玩耍区，造型上与储藏间在空间中形成形体穿插的效果（改造后效果图5）。

改造后效果图3

06 用深度洽谈区代替 VIP 室的功能。造型上一侧开窗，植入绿植，烘托当地文化氛围，拉近与自然的关系。另一侧使用通透感较强的装饰柜作为两个区域间的阻隔，在本身较小的空间里延伸视觉感，提高舒适度，强化体验感（见改造后效果图 6）。

07 儿童玩耍区和深度洽谈区做一样的镜像造型，方便洽谈区内的客户找寻到孩子的身影。

08 卫生间内藏，不影响场内的体验感，用"3+2"的形式提高利用率。

09 后场办公区首先用不同的地面材质与前场做区域划分，其次开门位置较为隐蔽，不破坏场内主题的体验感。增加小型卫生间，员工动线与客户动线减少交叉。

改造后效果图 4

改造后效果图 5

改造后效果图 6

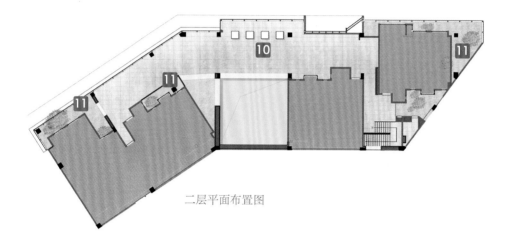

二层平面布置图

10 二层增加户型模拟体验区，方便客户体验对应户型，以及作为体验后的讨论区，避免上下楼来回跑的麻烦。户型模型的摆放位置尽量不要太靠近墙面，要留出一条通道增加客户可观赏的角度。

11 利用死角的位置增加植物造景，打造置身于楼盘的体验感，提高户型模拟的真实感。

 结 语

　　一如装置中的蝴蝶，正在破茧成蝶的，正在翩翩起舞的，仿佛一切都在展示自己最美的姿态。

65 层叠的语境

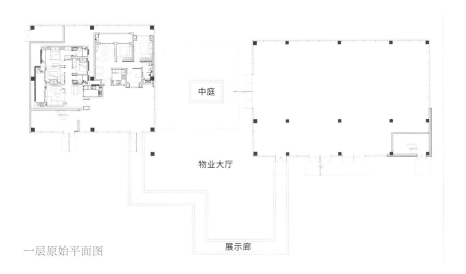

一层原始平面图

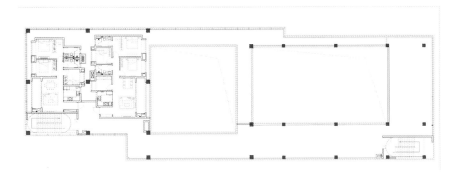

二层原始平面图

关键词

展示性、动线、视觉、异型、纵向空间、中轴对称

导读

如何考虑强制动线和双动线的利弊。

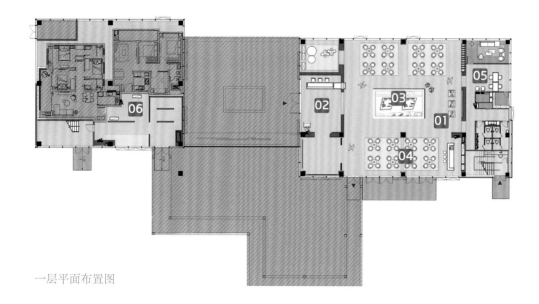

一层平面布置图

原始建筑分析

1. 一层有左右两个功能板块，左边是户型模拟体验区，右侧是营销中心主会场。建筑框架方正，两侧采光，上方有个很大的挑空区，中间部分为中庭，通过中庭进入左右两区域内。

2. 二层是联通的，左侧同样为户型模拟体验区。

布局切入点

1. 从营销、成本、效果的角度出发，考虑一次动线、二次动线、挑空位置和形态。

2. 一层合理规划各功能板块的位置及动线，二层合理规划办公动线。

布局优化后分析

01 根据原建筑的优势，先划分前场、后场的区域，一层为营销前场，二层为办公后场，再通过九宫格的手法来调整一层各功能板块的位置。

02 利用分区的隔墙，形成相对独立的接待厅，烘托仪式感。接待台设计在入口侧边，与墙体做形体穿插的造型。下方是品宣区，便于进入内场时先了解品牌文化（改造后效果图 1、改造后效果图 2）。

03 沙盘区位于整个一层布局的中心位置,直对入口,沙盘区有户型模型和一个 LED 屏(改造后效果图 3)。

04 洽谈区不增加额外的阻隔划分,做开放的空间以丰富采光,两侧均为散座区,灵活动线方便灵活签单(改造后效果图 4)。

05 取消独立的财务室,做开放式收银区,呈现多人排队购房的现象,从入口处便能望见。

06 户型模拟体验区门口增加换鞋凳,配置齐全,服务贴心。

改造后效果图 1

改造后效果图 2

改造后效果图 3

改造后效果图 4

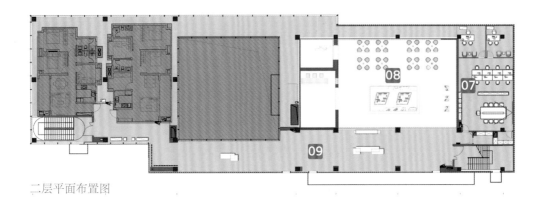

二层平面布置图

07 二层后场办公区。内部做开放式办公设计，并配备男女更衣室，方便营销人员上班换装。

08 挑空区的位置并不是正对一层区域的，使用异型的半圆弧吊顶来缓冲视觉，弥补这个缺陷，缺点变亮点（改造后效果图5）。

09 回廊增加软装陈设吸引视线，弱化回廊的空旷，打造安静舒适的氛围，同时拉近与对面户型模拟体验区的关系。

结语 ✏

　　在简单的布局中寻找空间形态的变化。

改造后效果图5

66 解构的秩序

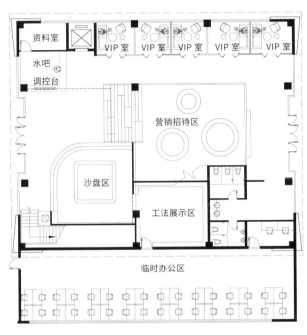

一层原始平面图

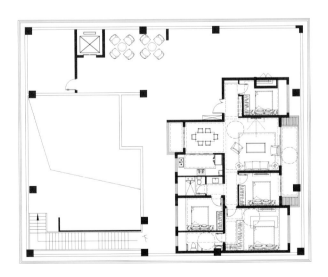

二层原始平面图

关键词

展示性、纵向空间、动线、动静分区、氛围、节奏

导读

楼梯位置及形态，对空间有多大的影响？

原始建筑分析

1. 一层由上下两个功能板块组成，上方为营销内场区，下方为临时办公区。

2. 布局功能单一，功能板块比例失调，动线单一，沙盘区和工法展示区的动线很容易造成拥挤。

3. 二层整体是在一层营销内场区域上方，挑空区结合直跑楼梯，由于户型模拟体验区的关系导致整体轮廓不规则。布局上功能板块较为零散，功能规划不明确。

布局切入点

重新规划各功能板块的比例及位置，优化购房动线，加强体验感。

一层平面布置图

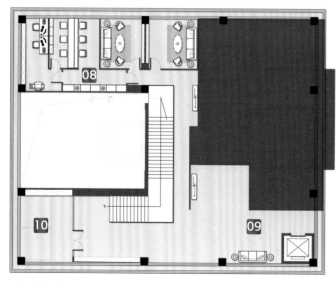

二层平面布置图

布局优化后分析

01 保留原始平面中前后场大致的布局，结合纵向空间、动线及二层所需功能规划楼梯的位置。与沙盘背景结合，留缝的处理手法提高双向展示性（改造后效果图1）。

02 主空间留给沙盘展示区，接待台放置在侧边，可同时兼顾外来客户与沙盘区内的客户。左右通道直接分流一次动线与二次动线（改造后效果图2）。

03 接待台的后方是男女更衣间，与临时办公区相连。在后场板块内增加办公室的出入通道，方便工作人员进出，避免与客户动线相撞。

04 沿着第一次购房动线，由沙盘区进入艺术长廊，此处作为品牌展示的功能板块，转角对景、软装陈设、空间收放、一步一景、抓住节奏、烘托氛围（改造后效果图3）。

05 增加书吧区，营造第三空间，也可以在这里开展多种营销活动，增加热闹氛围。这里是第二次购房动线，走这里的客户一般已经对楼盘概况有所了解，可以直接通过书吧区进入洽谈区与营销人员交谈。

一切从根本出发，做最简单的设计。

06 与原始平面相比，调转了男女卫生间的方向。后场的功能板块分为两部分，分别是临时办公区和会议室。这里与临时办公区之间也增加了出入口，方便工作人员进出，减少工作人员与客户的动线冲突，不影响客户对艺术长廊的体验感。

07 水吧区与接待台一样，也是服务中心，需要辐射大面积的范围，服务洽谈区的客户、上下二层的客户、儿童区的孩子（改造后效果图1）。

08 二层上来是VIP室和收银室，相对安静的氛围增强VIP客户的体验感。

09 根据需求增加电梯厢，提高营销中心的格调，也把户型模拟体验做到细微，在内场相反的地方通过电梯、软装等还原回家的路线。

10 融入新科技，除了实体搭建的模拟区外，VR户型体验也是不错的选择。对于空间有限的场地来说，还能节省成本。

改造后效果图1

改造后效果图2

改造后效果图3

67 隐于都城

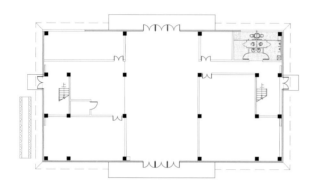

一层原始平面图

关键词

动线、视觉、体验感、纵向空间、中轴对称

导读

尺度的控制对空间感的影响是什么?

原始建筑分析

1. 两层玻璃建筑,前后都有出入口,并且整体以井字状分布,中轴对称。

2. 挑空区在正中心点上方。

布局切入点

景观面和空间尺度的关系尺寸。

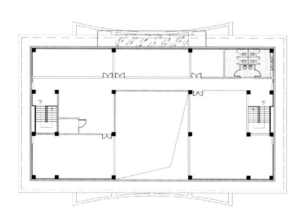

二层原始平面图

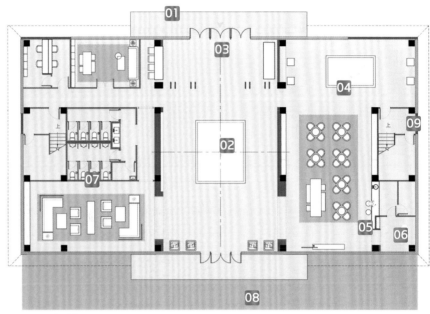

一层平面布置图

布局优化后分析

01 根据甲方需求和原建筑的优势，规划两层楼的功能板块，一层为营销内场区，二层为营销后场区。

02 根据多轮布局得出最终方案，采用呼应原建筑中轴对称的处理手法，考虑纵向空间感，结合挑空区的位置确定沙盘中心点，且其余功能板块根据沙盘轴线进行布置扩散（改造后效果图1）。

改造后效果图 1

03 空间柱位分布呈"井"字形状，结合九宫格的布局方式，进行空间格子的偏移与组合。设计假柱子及隔断屏风来强调接待区的区域感，释放沙盘区的活动空间（改造后效果图2）。

04 右侧为开放式洽谈区，根据甲方要求设计大小两个不同尺寸的沙盘，此处的小沙盘区作为洽谈区的附属空间，主要作用是方便洽谈区内的客户随时反复观看沙盘，动线直接，不用反复绕道到主沙盘区（改造后效果图3）。

05 水吧台的位置十分重要，既可以照顾洽谈区的客户，也可以兼顾远处深度洽谈区的客户，跟紧服务质量，保证客户的体验感。

06 儿童玩耍区的位置也十分讲究。首先，阳光充足，激发儿童活力。其次，紧挨水吧区且只有一个出入口，方便工作人员及时照看小朋友，防止其贪玩跑出去。

07 深度洽谈区在另一侧区域，较为安静，配备舒适的软装陈设，提升客户体验感（改造后效果图4、改造后效果图5）。

08 另一侧的门外做室外景观区，利用室外造景烘托氛围，同时控制客户进出营销中心主入口的动线。

09 两侧暗藏通往营销后场区的楼梯，用储物间的形式把空间利用起来，同时避免客户无意上楼打扰后场区的工作。

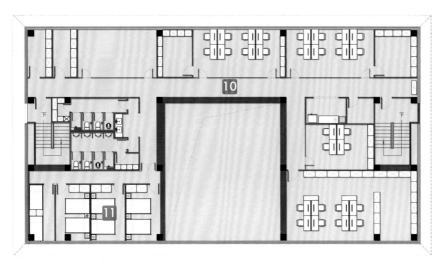

二层平面布置图

改造后效果图 2

改造后效果图 3

10 二层后场区同样使用九宫格的布局手法，结合一层的布局方式划分二层的办公空间。

11 根据甲方要求，这里增加宿舍的功能，此功能是贴合楼盘预计的销售状态及工作量来设定，非必要功能，仅供参考。

往往是一个点或者一根线引发的设计。

改造后效果图 4

改造后效果图 5

68 写意东方

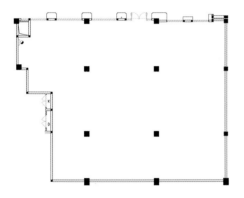

原始平面图

关键词

视觉、轴线、展示性、采光

导读

小面积的售楼处如何做到视觉上的开阔，同时功能不缺少？

原始建筑分析

1. 框架布局相对方正的单层小型售楼处，整体为单面采光。

2. 左侧由于建筑造型的原因导致重心偏移，框架两端看起来不平稳，且入口大门格局较小。

布局切入点

把偏移的空间中心拉回来，在框架内强调中心点。

布局优化后分析

01 改变入户大门的尺寸与位置，从单独靠边的两扇平开门变成中轴对称的六扇平开门，提高使用舒适度，进出动线不打架。

02 整体布局采用九宫格的分区方式简洁明了，每一跨柱植入一个明确的功能板块。从接待前厅开始，每个空间都有很强的区域感，同时也增加了周围各板块之间的互通，例如接待前厅与深度洽谈区之间使用了玻璃隔断，借助玻璃通透轻薄的特性来增加两个板块的沟通感（改造后效果图 1）。

03 利用沙盘摆放的位置强调营销中心的中心点，同样具有很强的展示性，横竖两条轴线贯穿在整个营销中心，所有形体的关系都跟着这两条轴线延展（改造后效果图 2）。

04 此处是品宣区。

05 整个洽谈区的分布从心理和采光的角度出发，中间位置为灵活洽谈区，上方采光充足且整个空间相对通透的位置为深度洽谈区，下方相对密闭的空间是 VIP 室（改造后效果图 3）。

06 唯一一间半开放式办公室设置在洽谈区的空间内，收银室与洽谈区有着密切的联系，同样也是促进消费的一种布局手法。

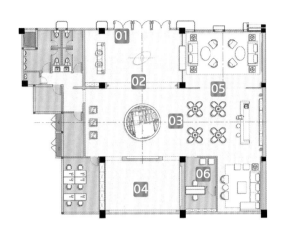

平面布置图

结语 ✎

　　小空间内尽量使用开放式空间，避免产生堵塞感。

改造后效果图 1

改造后效果图 2

改造后效果图 3

69 成人世界的纯真

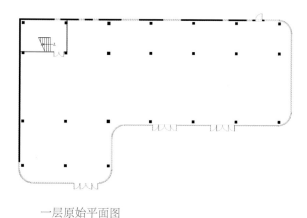

一层原始平面图

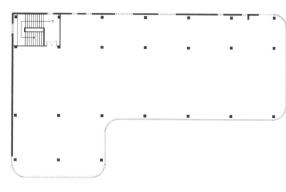

二层原始平面图

关键词

展示性、动线、视觉、色彩、光线、展示性、纵向空间

导读

回归最初的心态。

原始建筑分析

1. 两层空间、大小一样的"手枪"形双层售楼处，正面都是玻璃幕墙且都是弧角处理，采光面较好。

2. 由于商铺的关系，每一个柱位区域都有一个楼梯。

布局切入点

根据营销中心所需，规划各功能板块的位置，结合纵向空间关系规划楼梯的具体位置及楼梯的使用价值。

布局优化后分析

01 入口融入商铺的橱窗设计，用于集团文化展示，造型上对应原建筑的弧角设计，也起到一个指引的作用，具有亲和力。

02 根据入口和柱位的分布，结合营销动线，先是进入接待大厅，左侧进入品宣区，然后一路下去进入主会场。接待背景墙的造型与玻璃幕墙之间留出一段空隙，通过空隙和玻璃幕墙的叠加，增加视觉穿透感，透过此处能看到部分洽谈区，另一侧则用不对称的方式同样增加视觉穿透感，隐约可见沙盘区，让

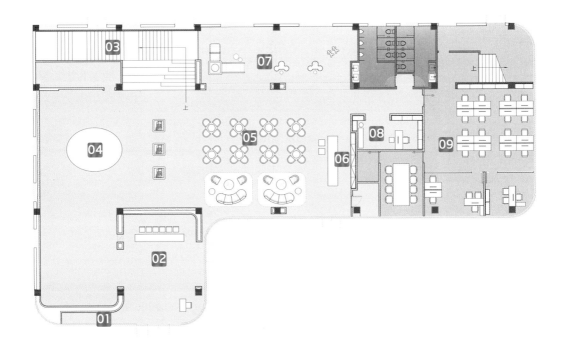

一层平面布置图

目光两侧有一个空间上的平衡点（改造后效果图1）。

03 根据甲方的需求和整个框架来规划场内各功能板块的位置。一层为营销主会场和后场办公区，二层为户型模型体验区。根据前场与后场的关系，保留两端的楼梯分别给两个板块同时使用。前场的楼梯主要用于展示和提高品质，后场的楼梯方便二层办公区的员工上下沟通，与客户动线区分开来（改造后效果图2）。

改造后效果图1　　　　　　　　　改造后效果图2

04 经过品宣区进入到沙盘区，贴合整体的空间元素，采用椭圆形的沙盘和倒圆角的户型模拟体验区。空间宽敞，参观动线灵活，摆放位置相对独立，有很高的展示率（改造后效果图3）。

05 洽谈区采用灵活的陈设来烘托整体氛围，弧形的沙发组合呼应设计元素，考虑到空间界面的因素，这里不使用硬性隔断做分区，把空间感放到最大，结合户外采光，打造休闲、自由、舒适的体验感（改造后效果图4）。

06 此方案布局中，水吧台的位置绝佳，可以同时了解沙盘区、洽谈区、儿童玩耍区及上下楼的客户动向，还能观察到入口处的客流量，辐射面极广。

07 开放式儿童活动区通过丰富的色彩抓住小朋友的"眼球"，增加各种可爱的软装陈设提高小朋友玩耍的兴趣，再加上与楼梯处挑空部分泄入的阳光，增添欢乐舒适的氛围感。

08 半开放式收银室可以营造出多人排队购房的效果，促进成交，提高楼盘的销售热度。

09 由于原建筑的优势，后场办公区各空间采光充足。

10 二层为1：1的四个户型模拟体验区，便于客户对户型进行近距离集中体验，免去在楼盘施工现场绕路对比的麻烦，节省时间，提高营销效率。

11 此处为户型的绿植造景，增加绿植提高户型内的真实体验感，是小细节。

功能板块不仅只有功能作用，它们也有应有的价值。发现不同的价值，进而在空间中去体现它们的价值，才能打造出让人眼前一亮的空间来。

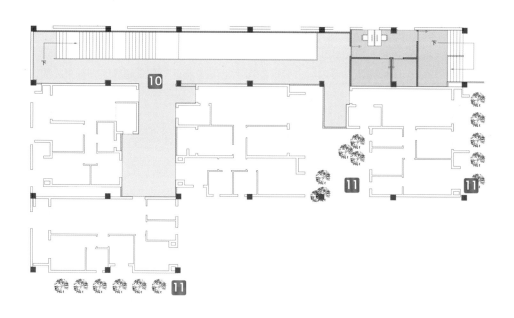

二层平面布置图

改造后效果图 3

改造后效果图 4

70 弧形空间

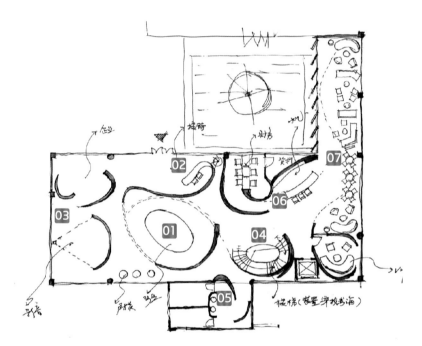

一层平面平面图

关键词

视觉、延伸、体验、展示性、纵向空间、无形中的有形

导读

这是一个由别的项目方案延伸出来的异型布局版手稿，作用是给大家开拓些思路，不拘泥于之前较为规整的布局方案。

布局分析

01 这个沙盘的位置其实就是这些圆弧的中心散发点，由沙盘开始延伸出各个区域的弧度，包括户型模拟体验区同样是相应的圆形。利用这些不同角度的弧度相互对应，产生动线与各自的空间。

02 从接待台开始，弧形的接待台蜿蜒着与接待背景墙连成一体，利用弧度打造接待前厅的围和感与区域感。在本案中，每一条弧度基本都是独立存在的，不与墙体衔接，为了展现一种永远看不到尽头的视觉感。

03 一笔反向的弧线，自然而然地与接待前厅剥离开来，形成看似独立的品宣区，再一笔与之错位的弧线自然形成前往影音室的出入口。这些看似独立却又互通的区域，就在这一笔笔的弧线中悄然诞生。

04 弧形楼梯的造型设计由沙盘区的弧形轨道延伸而来，与沙盘区造型大体一致，在视线大范围的效果下讲究造型的统一性，提高整体舒适度，也有很强的展示性功能。

05 盥洗区外围墙体利用弧度将卫生间完美内藏，结合沙盘区与弧形楼梯之间自然形成的动线指引，其实也是将非展示区的功能内藏。不难看出，其他板块也有类似的手法。

06 水吧台与背景墙为反向弧度，形成一个无形中的椭圆，这也像是进入洽谈区的动线引导。包括后方的财务室，也是由水吧台弧形轴线延伸、偏移得出的。

07 改变传统洽谈区模式，在相对窄长的空间内利用软装组合的大小规划出一条动线，在空间中摆放出曲线的样子，结合之前的弧形墙体，让体验者感觉到一条无形的弧度。

08 上至二层，挑空区的造型是由沙盘区的造型向上延展而来的，营造在纵向空间内造型的整体性。

09 两组弧形沙发相对摆放，与整体元素相呼应。不难看出，上面沙发的外侧弧线向外延伸，与墙体弧度几乎能衔接上，加强软装与硬装之间的呼应联系，同时作为动线引导，也作为办公室进出口的对景，避免直对休闲区，破坏氛围。

10 此处为户型模拟体验区。

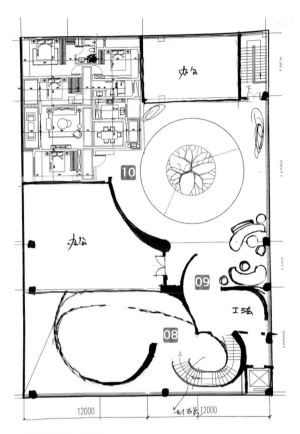

二层平面布置图

 结语

造型不光是墙体上有形的样子，也可以是软装陈设上无形的表达。空间是由所有的物体组成的，同样相辅相成的物体才能成就一个和谐的空间。

71 直击心灵的安静

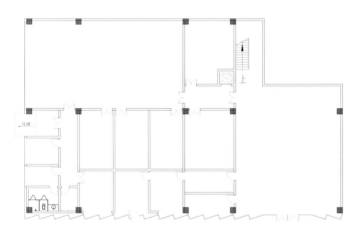

一层原始平面图

关键词

界面、展示性、动线、采光、纵向空间、效果

导读

如何在售楼处内营造空间氛围?

原始建筑分析

1. 双层建筑体,空间方正。入口直面的楼梯视觉不聚集,效果没有达到最高值,且整层功能板块散乱导致关联性不强、动线凌乱。

2. 二层是办公区域和户型模拟体验区,办公区域功能规划不强,有些空间面积浪费,挑空重复且位置不大气。

布局切入点

结合甲方的需求、成本、完成效果等因素进行设计,重新规划功能板块的位置,融入不同的元素提高体验感。

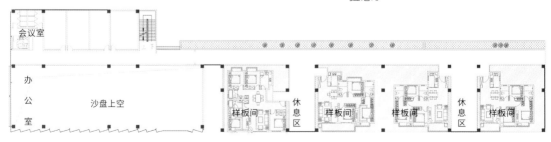

二层原始平面图

布局优化后分析

01 植入水景与绿植的设计，结合采光打造平静、舒适、灵动的体验感，通过双向石板桥区分一次动线和二次动线，分别前往沙盘区和二层户型模拟体验区（改造后效果图1、改造后效果图2）。

一层平面布置图

改造后效果图1

改造后效果图2

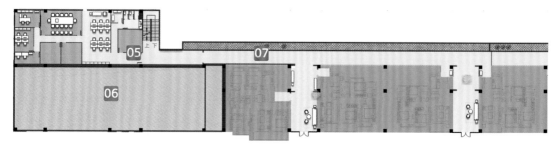

二层平面布置图

02 按照营销动线的设计，沙盘区过后是洽谈区。本项目从采光的照射面及其营造的效果出发，采用全开放式洽谈区，结合水吧台及软装陈设的休闲造型，融入咖啡厅的体验感，延续接待前厅平静、舒适的氛围。

03 生态书吧同样是大块面、阶梯状、敞开式的设计，在位置上临近洽谈区，整合客户的活动范围，赋予更多的活动可能。

改造后效果图 3

04 从成本、效果、功能、面积的角度考虑，水景的设计更容易突出不一样的效果，同时增强 LED 屏幕的视觉画面（改造后效果图 3）。

05 整合二层办公区空间动线，增加开放式办公空间和会议室等功能，减少卫生间坑位数量，合理分配每个区域功能面积。

06 保留原有大面积挑空，在一层前厅上方增加挑台，增强空间趣味性以及一层和二层的互动。

07 精心营造通往户型模拟体验区的走道，营销内场的户型模拟体验更能提高客户购房的效率。

一切从根本出发，做最简单的设计。